SAMMLUNG GÖSCHEN BAND 81

VIERSTELLIGE TAFELN UND GEGENTAFELN

Für logarithmisches und trigonometrisches Rechnen in zwei Farben zusammengestellt

von

HERMANN SCHUBERT und ROBERT HAUSSNER

3., neubearbeitete Auflage

von

JOACHIM ERLEBACH

WALTER DE GRUYTER & CO.

vormals G. J. Göschen'sche Verlagshandlung · J. Guttentag, Verlagsbuchhandlung Georg Reimer Karl J. Trübner · Veit & Comp.

BERLIN 1960

Inhaltsverzeichnis

©

— Archiv-Nr. 110081. — Druck: Lindemann & Lüdecke, Berlin SO 36. — Printed in Germany.

I

Vierstellige dekadische Logarithmen der Zahlen von 1 bis 10000

Die schwarz gedruckten Ziffern bedeuten in allen Tafeln Zahlen (numeri), die rot gedruckten Ziffern bedeuten Logarithmen. Für die Tafeln I und II wurden die siebenstelligen Tafeln von Vega, bearbeitet von Bremiker, benutzt. Die vierte Stelle wurde nicht erhöht, wenn die folgende fünfte eine Zahl kleiner als 5 ist. Eine Erhöhung wurde vorgenommen, wenn die drei an 5., 6. und 7. Stelle stehenden Ziffern eine größere Zahl als 500 bilden. Ergeben sie aber die Zahl 500 selbst, so wurde die vierte Stelle erhöht, wenn sie eine gerade Zahl ist, sonst dagegen nicht.

I

Siebenstellige Logarithmen der Primzahlen unter Hundert.

Zahl	log	Zahl	log	Zahl	log
2	0,3010300	23	1,3617278	61	1,7853298
3	0,4771213	29	1,4623980	67	1,8260748
5	0,6989700	31	1,4913617	71	1,8512583
7	0,8450980	37	1,5682017	73	1,8633229
11	1,0413927	41	1,6127839	79	1,8976271
13	1,1139434	43	1,6334685	83	1,9190781
17	1,2304489	47	1,6720979	89	1,9493900
19	1,2787536	53	1,7242759	97	1,9867717
		59	1,7708520		

Vierstellige dekadische Logarithmen der Zahlen von 1 bis 100

Zahl	log	Zahl	log	Zahl	log	Zahl	log	Zahl	log
1	0,0000	21	1,3222	41	1,6128	61	1,7853	81	1,9085
2	0,3010	22	1,3424	42	1,6232	62	1,7924	82	1,9138
3	0,4771	23	1,3617	43	1,6335	63	1,7993	83	1,9191
4	0,6021	24	1,3802	44	1,6435	64	1,8062	84	1,9243
5	0,6990	25	1,3979	45	1,6532	65	1,8129	85	1,9294
6	0,7782	26	1,4150	46	1,6628	66	1,8195	86	1,9345
7	0,8451	27	1,4314	47	1,6721	67	1,8261	87	1,9395
8	0,9031	28	1,4472	48	1,6812	68	1,8325	88	1,9445
9	0,9542	29	1,4624	49	1,6902	69	1,8388	89	1,9494
10	1,0000	30	1,4771	50	1,6990	70	1,8451	90	1,9542
11	1,0414	31	1,4914	51	1,7076	71	1,8513	91	1,9590
12	1,0792	32	1,5051	52	1,7160	72	1,8573	92	1,9638
13	1,1139	33	1,5185	53	1,7243	73	1,8633	93	1,9685
14	1,1461	34	1,5315	54	1,7324	74	1,8692	94	1,9731
15	1,1761	35	1,5441	55	1,7404	75	1,8751	95	1,9777
16	1,2041	36	1,5563	56	1,7482	76	1,8808	96	1,9823
17	1,2304	37	1,5682	57	1,7559	77	1,8865	97	1,9868
18	1,2553	38	1,5798	58	1,7634	78	1,8921	98	1,9912
19	1,2788	39	1,5911	59	1,7709	79	1,8976	99	1,9956
20	1,3010	40	1,6021	60	1,7782	80	1,9031	100	2,0000

Zahl	0	1	2	3	4	5	6	7	8	9
100	0000	04	09	13	17	22	26	30	35	39
101	43	48	52	56	60	65	69	73	77	82
102	86	90	95	99	*03	*07	*11	*16	*20	*24
103	0128	33	37	41	45	49	54	58	62	66
104	70	75	79	83	87	91	95	99	*04	*08
105	0212	16	20	24	28	33	37	41	45	49
106	53	57	61	65	69	73	78	82	86	90
107	94	98	*02	*06	*10	*14	*18	*22	*26	*30
108	0334	38	42	46	50	54	58	62	66	70
109	74	78	82	86	90	94	98	*02	*06	*10
110	0414	18	22	26	30	34	38	41	45	49
111	53	57	61	65	69	73	77	81	84	88
112	92	96	*00	*04	*08	*12	*15	*19	*23	*27
113	0531	35	38	42	46	50	54	58	61	65
114	69	73	77	80	84	88	92	96	99	*03
115	0607	11	15	18	22	26	30	33	37	41
116	45	48	52	56	60	63	67	71	74	78
117	82	86	89	93	97	*00	*04	*08	*11	*15
118	0719	22	26	30	34	37	41	45	48	52
119	55	59	63	66	70	74	77	81	85	88
120	92	95	99	*03	*06	*10	*13	*17	*21	*24
121	0828	31	35	39	42	46	49	53	56	60
122	64	67	71	74	78	81	85	88	92	96
123	99	*03	*06	*10	*13	*17	*20	*24	*27	*31
124	0934	38	41	45	48	52	55	59	62	66
125	69	73	76	80	83	86	90	93	97	*00
126	1004	07	11	14	17	21	24	28	31	35
127	38	41	45	48	52	55	59	62	65	69
128	72	75	79	82	86	89	92	96	99	*03
129	1106	09	13	16	19	23	26	29	33	36
Zahl	0	1	2	3	4	5	6	7	8	9

Zahl	0	1	2	3	4	5	6	7	8	9
130	1139	43	46	49	53	56	59	63	66	69
131	73	76	79	83	86	89	93	96	99	*02
132	1206	09	12	16	19	22	25	29	32	35
133	39	42	45	48	52	55	58	61	65	68
134	71	74	78	81	84	87	90	94	97	*00
135	1303	07	10	13	16	19	23	26	29	32
136	35	39	42	45	48	51	55	58	61	64
137	67	70	74	77	80	83	86	89	92	96
138	99	*02	*05	*08	*11	*14	*18	*21	*24	*27
139	1430	33	36	40	43	46	49	52	55	58
140	61	64	67	71	74	77	80	83	86	89
141	92	95	98	*01	*04	*08	*11	*14	*17	*20
142	1523	26	29	32	35	38	41	44	47	50
143	53	56	59	62	65	69	72	75	78	81
144	84	87	90	93	96	99	*02	*05	*08	*11
145	1614	17	20	23	26	29	32	35	38	41
146	44	47	49	52	55	58	61	64	67	70
147	73	76	79	82	85	88	91	94	97	*00
148	1703	06	08	11	14	17	20	23	26	29
149	32	35	38	41	44	46	49	52	55	58
150	61	64	67	70	72	75	78	81	84	87
151	90	93	96	98	*01	*04	*07	*10	*13	*16
152	1818	21	24	27	30	33	36	38	41	44
153	47	50	53	55	58	61	64	67	70	72
154	75	78	81	84	86	89	92	95	98	*01
155	1903	06	09	12	15	17	20	23	26	28
156	31	34	37	40	42	45	48	51	53	56
157	59	62	65	67	70	73	76	78	81	84
158	87	89	92	95	98	*00	*03	*06	*09	*11
159	2014	17	19	22	25	28	30	33	36	38
Zahl	0	1	2	3	4	5	6	7	8	9

Zahl	0	1	2	3	4	5	6	7	8	9
160	2041	44	47	49	52	55	57	60	63	66
161	68	71	74	76	79	82	84	87	90	92
162	95	98	*01	*03	*06	*09	*11	*14	*17	*19
163	2122	25	27	30	33	35	38	40	43	46
164	48	51	54	56	59	62	64	67	70	72
165	75	77	80	83	85	88	91	93	96	98
166	2201	04	06	09	12	14	17	19	22	25
167	27	30	32	35	38	40	43	45	48	51
168	53	56	58	61	63	66	69	71	74	76
169	79	81	84	87	89	92	94	97	99	*02
170	2304	07	10	12	15	17	20	22	25	27
171	30	33	35	38	40	43	45	48	50	53
172	55	58	60	63	65	68	70	73	75	78
173	80	83	85	88	90	93	95	98	*00	*03
174	2405	08	10	13	15	18	20	23	25	28
175	30	33	35	38	40	43	45	48	50	53
176	55	58	60	63	65	67	70	72	75	77
177	80	82	85	87	90	92	94	97	99	*02
178	2504	07	09	12	14	16	19	21	24	26
179	29	31	33	36	38	41	43	45	48	50
180	53	55	58	60	62	65	67	70	72	74
181	77	79	82	84	86	89	91	94	96	98
182	2601	03	05	08	10	13	15	17	20	22
183	25	27	29	32	34	36	39	41	43	46
184	48	51	53	55	58	60	62	65	67	69
185	72	74	76	79	81	83	86	88	90	93
186	95	97	*00	*02	*04	*07	*09	*11	*14	*16
187	2718	21	23	25	28	30	32	35	37	39
188	42	44	46	49	51	53	55	58	60	62
189	65	67	69	72	74	76	78	81	83	85
Zahl	0	1	2	3	4	5	6	7	8	9

Zahl	0	1	2	3	4	5	6	7	8	9
190	2788	90	92	94	97	99	*01	*04	*06	*08
191	2810	13	15	17	19	22	24	26	28	31
192	33	35	38	40	42	44	47	49	51	53
193	56	58	60	62	65	67	69	71	74	76
194	78	80	82	85	87	89	91	94	96	98
195	2900	03	05	07	09	11	14	16	18	20
196	23	25	27	29	31	34	36	38	40	42
197	45	47	49	51	53	56	58	60	62	64
198	67	69	71	73	75	78	80	82	84	86
199	89	91	93	95	97	99	*02	*04	*06	*08
200	3010	12	15	17	19	21	23	25	28	30
201	32	34	36	38	41	43	45	47	49	51
202	54	56	58	60	62	64	66	69	71	73
203	75	77	79	81	84	86	88	90	92	94
204	96	98	*01	*03	*05	*07	*09	*11	*13	*15
205	3118	20	22	24	26	28	30	32	34	37
206	39	41	43	45	47	49	51	53	56	58
207	60	62	64	66	68	70	72	74	76	79
208	81	83	85	87	89	91	93	95	97	99
209	3201	04	06	08	10	12	14	16	18	20
210	22	24	26	28	30	33	35	37	39	41
211	43	45	47	49	51	53	55	57	59	61
212	63	65	67	69	72	74	76	78	80	82
213	84	86	88	90	92	94	96	98	*00	*02
214	3304	06	08	10	12	14	16	18	20	22
215	24	26	28	30	32	34	36	39	41	43
216	45	47	49	51	53	55	57	59	61	63
217	65	67	69	71	73	75	77	79	81	83
218	85	87	89	91	93	95	97	98	*00	*02
219	3404	06	08	10	12	14	16	18	20	22
Zahl	0	1	2	3	4	5	6	7	8	9

Zahl	0	1	2	3	4	5	6	7	8	9
220	3424	26	28	30	32	34	36	38	40	42
221	44	46	48	50	52	54	56	58	60	62
222	64	65	67	69	71	73	75	77	79	81
223	83	85	87	89	91	93	95	97	99	*01
224	3502	04	06	08	10	12	14	16	18	20
225	22	24	26	28	30	31	33	35	37	39
226	41	43	45	47	49	51	53	55	56	58
227	60	62	64	66	68	70	72	74	76	77
228	79	81	83	85	87	89	91	93	95	96
229	98	*00	*02	*04	*06	*08	*10	*12	*13	*15
230	3617	19	21	23	25	27	29	30	32	34
231	36	38	40	42	44	46	47	49	51	53
232	55	57	59	60	62	64	66	68	70	72
233	74	75	77	79	81	83	85	87	88	90
234	92	94	96	98	*00	*01	*03	*05	*07	*09
235	3711	13	14	16	18	20	22	24	25	27
236	29	31	33	35	36	38	40	42	44	46
237	47	49	51	53	55	57	58	60	62	64
238	66	68	69	71	73	75	77	79	80	82
239	84	86	88	89	91	93	95	97	98	*00
240	3802	04	06	08	09	11	13	15	17	18
241	20	22	24	26	27	29	31	33	35	36
242	38	40	42	44	45	47	49	51	52	54
243	56	58	60	61	63	65	67	69	70	72
244	74	76	77	79	81	83	85	86	88	90
245	92	93	95	97	99	*01	*02	*04	*06	*08
246	3909	11	13	15	16	18	20	22	23	25
247	27	29	30	32	34	36	38	39	41	43
248	45	46	48	50	52	53	55	57	59	60
249	62	64	65	67	69	71	72	74	76	78
Zahl	0	1	2	3	4	5	6	7	8	9

Zahl	0	1	2	3	4	5	6	7	8	9
250	3979	81	83	85	86	88	90	92	93	95
251	97	98	*00	*02	*04	*05	*07	*09	*11	*12
252	4014	16	17	19	21	23	24	26	28	29
253	31	33	35	36	38	40	41	43	45	47
254	48	50	52	53	55	57	59	60	62	64
255	65	67	69	71	72	74	76	77	79	81
256	82	84	86	87	89	91	93	94	96	98
257	99	*01	*03	*04	*06	*08	*09	*11	*13	*15
258	4116	18	20	21	23	25	26	28	30	31
259	33	35	36	38	40	41	43	45	46	48
260	50	51	53	55	56	58	60	61	63	65
261	66	68	70	71	73	75	76	78	80	81
262	83	85	86	88	90	91	93	95	96	98
263	4200	01	03	05	06	08	09	11	13	14
264	16	18	19	21	23	24	26	28	29	31
265	32	34	36	37	39	41	42	44	46	47
266	49	50	52	54	55	57	59	60	62	63
267	65	67	68	70	72	73	75	76	78	80
268	81	83	85	86	88	89	91	93	94	96
269	98	99	*01	*02	*04	*06	*07	*09	*10	*12
270	4314	15	17	18	20	22	23	25	26	28
271	30	31	33	34	36	38	39	41	42	44
272	46	47	49	50	52	54	55	57	58	60
273	62	63	65	66	68	70	71	73	74	76
274	78	79	81	82	84	85	87	89	90	92
275	93	95	96	98	*00	*01	*03	*04	*06	*08
276	4409	11	12	14	15	17	19	20	22	23
277	25	26	28	29	31	33	34	36	37	39
278	40	42	44	45	47	48	50	51	53	54
279	56	58	59	61	62	64	65	67	68	70
Zahl	0	1	2	3	4	5	6	7	8	9

Zahl	0	1	2	3	4	5	6	7	8	9
280	4472	73	75	76	78	79	81	82	84	86
281	87	89	90	92	93	95	96	98	99	*01
282	4502	04	06	07	09	10	12	13	15	16
283	18	19	21	22	24	26	27	29	30	32
284	33	35	36	38	39	41	42	44	45	47
285	48	50	51	53	55	56	58	59	61	62
286	64	65	67	68	70	71	73	74	76	77
287	79	80	82	83	85	86	88	89	91	92
288	94	95	97	98	*00	*01	*03	*04	*06	*07
289	4609	10	12	13	15	16	18	19	21	22
290	24	25	27	28	30	31	33	34	36	37
291	39	40	42	43	45	46	48	49	51	52
292	54	55	57	58	60	61	63	64	66	67
293	69	70	72	73	75	76	78	79	81	82
294	83	85	86	88	89	91	92	94	95	97
295	98	*00	*01	*03	*04	*06	*07	*09	*10	*11
296	4713	14	16	17	19	20	22	23	25	26
297	28	29	30	32	33	35	36	38	39	41
298	42	44	45	47	48	49	51	52	54	55
299	57	58	60	61	63	64	65	67	68	70
300	71	73	74	76	77	78	80	81	83	84
301	86	87	89	90	91	93	94	96	97	99
302	4800	02	03	04	06	07	09	10	12	13
303	14	16	17	19	20	22	23	24	26	27
304	29	30	32	33	34	36	37	39	40	42
305	43	44	46	47	49	50	52	53	54	56
306	57	59	60	61	63	64	66	67	69	70
307	71	73	74	76	77	78	80	81	83	84
308	86	87	88	90	91	93	94	95	97	98
309	4900	01	02	04	05	07	08	09	11	12
Zahl	0	1	2	3	4	5	6	7	8	9

Zahl	0	1	2	3	4	5	6	7	8	9
310	4914	15	16	18	19	21	22	23	25	26
311	28	29	30	32	33	35	36	37	39	40
312	42	43	44	46	47	49	50	51	53	54
313	55	57	58	60	61	62	64	65	67	68
314	69	71	72	73	75	76	78	79	80	82
315	83	84	86	87	89	90	91	93	94	95
316	97	98	*00	*01	*02	*04	*05	*06	*08	*09
317	5011	12	13	15	16	17	19	20	22	23
318	24	26	27	28	30	31	32	34	35	37
319	38	39	41	42	43	45	46	47	49	50
320	51	53	54	56	57	58	60	61	62	64
321	65	66	68	69	70	72	73	75	76	77
322	79	80	81	83	84	85	87	88	89	91
323	92	93	95	96	97	99	*00	*01	*03	*04
324	5105	07	08	09	11	12	13	15	16	17
325	19	20	22	23	24	26	27	28	30	31
326	32	34	35	36	38	39	40	41	43	44
327	45	47	48	49	51	52	53	55	56	57
328	59	60	61	63	64	65	67	68	69	71
329	72	73	75	76	77	79	80	81	83	84
330	85	86	88	89	90	92	93	94	96	97
331	98	*00	*01	*02	*04	*05	*06	*07	*09	*10
332	5211	13	14	15	17	18	19	21	22	23
333	24	26	27	28	30	31	32	34	35	36
334	37	39	40	41	43	44	45	47	48	49
335	50	52	53	54	56	57	58	60	61	62
336	63	65	66	67	69	70	71	72	74	75
337	76	78	79	80	81	83	84	85	87	88
338	89	90	92	93	94	96	97	98	99	*01
339	5302	03	05	06	07	08	10	11	12	14
Zahl	0	1	2	3	4	5	6	7	8	9

Zahl	0	1	2	3	4	5	6	7	8	9
340	5315	16	17	19	20	21	22	24	25	26
341	28	29	30	31	33	34	35	36	38	39
342	40	42	43	44	45	47	48	49	50	52
343	53	54	55	57	58	59	61	62	63	64
344	66	67	68	69	71	72	73	74	76	77
345	78	79	81	82	83	84	86	87	88	90
346	91	92	93	95	96	97	98	*00	*01	*02
347	5403	05	06	07	08	10	11	12	13	15
348	16	17	18	20	21	22	23	25	26	27
349	28	29	31	32	33	34	36	37	38	39
350	41	42	43	44	46	47	48	49	51	52
351	53	54	56	57	58	59	60	62	63	64
352	65	67	68	69	70	72	73	74	75	77
353	78	79	80	81	83	84	85	86	88	89
354	90	91	92	94	95	96	97	99	*00	*01
355	5502	04	05	06	07	08	10	11	12	13
356	15	16	17	18	19	21	22	23	24	25
357	27	28	29	30	32	33	34	35	36	38
358	39	40	41	42	44	45	46	47	49	50
359	51	52	53	55	56	57	58	59	61	62
360	63	64	65	67	68	69	70	71	73	74
361	75	76	77	79	80	81	82	83	85	86
362	87	88	89	91	92	93	94	95	97	98
363	99	*00	*01	*03	*04	*05	*06	*07	*09	*10
364	5611	12	13	15	16	17	18	19	21	22
365	23	24	25	26	28	29	30	31	32	34
366	35	36	37	38	40	41	42	43	44	45
367	47	48	49	50	51	53	54	55	56	57
368	58	60	61	62	63	64	66	67	68	69
369	70	71	73	74	75	76	77	78	80	81
Zahl	0	1	2	3	4	5	6	7	8	9

3700—3999 **I**

5682—6020

Zahl	0	1	2	3	4	5	6	7	8	9
370	5682	83	84	86	87	88	89	90	91	93
371	94	95	96	97	98	*00	*01	*02	*03	*04
372	5705	07	08	09	10	11	12	14	15	16
373	17	18	19	21	22	23	24	25	26	28
374	29	30	31	32	33	35	36	37	38	39
375	40	41	43	44	45	46	47	48	50	51
376	52	53	54	55	56	58	59	60	61	62
377	63	65	66	67	68	69	70	71	73	74
378	75	76	77	78	80	81	82	83	84	85
379	86	88	89	90	91	92	93	94	96	97
380	98	99	*00	*01	*02	*04	*05	*06	*07	*08
381	5809	10	12	13	14	15	16	17	18	19
382	21	22	23	24	25	26	27	29	30	31
383	32	33	34	35	37	38	39	40	41	42
384	43	44	46	47	48	49	50	51	52	53
385	55	56	57	58	59	60	61	62	64	65
386	66	67	68	69	70	71	73	74	75	76
387	77	78	79	80	82	83	84	85	86	87
388	88	89	91	92	93	94	95	96	97	98
389	99	*01	*02	*03	*04	*05	*06	*07	*08	*10
390	5911	12	13	14	15	16	17	18	20	21
391	22	23	24	25	26	27	28	30	31	32
392	33	34	35	36	37	38	40	41	42	43
393	44	45	46	47	48	49	51	52	53	54
394	55	56	57	58	59	60	62	63	64	65
395	66	67	68	69	70	71	73	74	75	76
396	77	78	79	80	81	82	84	85	86	87
397	88	89	90	91	92	93	94	96	97	98
398	99	*00	*01	*02	*03	*04	*05	*06	*08	*09
399	6010	11	12	13	14	15	16	17	18	20
Zahl	0	1	2	3	4	5	6	7	8	9

Zahl	0	1	2	3	4	5	6	7	8	9
400	6021	22	23	24	25	26	27	28	29	30
401	31	33	34	35	36	37	38	39	40	41
402	42	43	44	45	47	48	49	50	51	52
403	53	54	55	56	57	58	60	61	62	63
404	64	65	66	67	68	69	70	71	72	73
405	75	76	77	78	79	80	81	82	83	84
406	85	86	87	88	90	91	92	93	94	95
407	96	97	98	99	*00	*01	*02	*03	*04	*06
408	6107	08	09	10	11	12	13	14	15	16
409	17	18	19	20	21	23	24	25	26	27
410	28	29	30	31	32	33	34	35	36	37
411	38	39	41	42	43	44	45	46	47	48
412	49	50	51	52	53	54	55	56	57	58
413	60	61	62	63	64	65	66	67	68	69
414	70	71	72	73	74	75	76	77	78	79
415	80	82	83	84	85	86	87	88	89	90
416	91	92	93	94	95	96	97	98	99	*00
417	6201	02	03	04	06	07	08	09	10	11
418	12	13	14	15	16	17	18	19	20	21
419	22	23	24	25	26	27	28	29	30	31
420	32	34	35	36	37	38	39	40	41	42
421	43	44	45	46	47	48	49	50	51	52
422	53	54	55	56	57	58	59	60	61	62
423	63	64	65	66	68	69	70	71	72	73
424	74	75	76	77	78	79	80	81	82	83
425	84	85	86	87	88	89	90	91	92	93
426	94	95	96	97	98	99	*00	*01	*02	*03
427	6304	05	06	07	08	09	10	11	12	13
428	14	15	16	17	18	20	21	22	23	24
429	25	26	27	28	29	30	31	32	33	34
Zahl	0	1	2	3	4	5	6	7	8	9

Zahl	0	1	2	3	4	5	6	7	8	9
430	6335	36	37	38	39	40	41	42	43	44
431	45	46	47	48	49	50	51	52	53	54
432	55	56	57	58	59	60	61	62	63	64
433	65	66	67	68	69	70	71	72	73	74
434	75	76	77	78	79	80	81	82	83	84
435	85	86	87	88	89	90	91	92	93	94
436	95	96	97	98	99	*00	*01	*02	*03	*04
437	6405	06	07	08	09	10	11	12	13	14
438	15	16	17	18	19	20	21	22	23	24
439	25	26	27	28	29	30	31	32	33	34
440	35	36	37	37	38	39	40	41	42	43
441	44	45	46	47	48	49	50	51	52	53
442	54	55	56	57	58	59	60	61	62	63
443	64	65	66	67	68	69	70	71	72	73
444	74	75	76	77	78	79	80	81	82	83
445	84	85	86	87	88	88	89	90	91	92
446	93	94	95	96	97	98	99	*00	*01	*02
447	6503	04	05	06	07	08	09	10	11	12
448	13	14	15	16	17	18	19	20	21	21
449	22	23	24	25	26	27	28	29	30	31
450	32	33	34	35	36	37	38	39	40	41
451	42	43	44	45	46	47	48	49	49	50
452	51	52	53	54	55	56	57	58	59	60
453	61	62	63	64	65	66	67	68	69	70
454	71	72	72	73	74	75	76	77	78	79
455	80	81	82	83	84	85	86	87	88	89
456	90	91	92	93	93	94	95	96	97	98
457	99	*00	*01	*02	*03	*04	*05	*06	*07	*08
458	6609	10	11	11	12	13	14	15	16	17
459	18	19	20	21	22	23	24	25	26	27
Zahl	0	1	2	3	4	5	6	7	8	9

Zahl	0	1	2	3	4	5	6	7	8	9
460	6628	29	29	30	31	32	33	34	35	36
461	37	38	39	40	41	42	43	44	45	45
462	46	47	48	49	50	51	52	53	54	55
463	56	57	58	59	60	60	61	62	63	64
464	65	66	67	68	69	70	71	72	73	74
465	75	75	76	77	78	79	80	81	82	83
466	84	85	86	87	88	89	89	90	91	92
467	93	94	95	96	97	98	99	*00	*01	*02
468	6702	03	04	05	06	07	08	09	10	11
469	12	13	14	15	15	16	17	18	19	20
470	21	22	23	24	25	26	27	27	28	29
471	30	31	32	33	34	35	36	37	38	39
472	39	40	41	42	43	44	45	46	47	48
473	49	50	50	51	52	53	54	55	56	57
474	58	59	60	61	61	62	63	64	65	66
475	67	68	69	70	71	72	72	73	74	75
476	76	77	78	79	80	81	82	82	83	84
477	85	86	87	88	89	90	91	92	92	93
478	94	95	96	97	98	99	*00	*01	*02	*02
479	6803	04	05	06	07	08	09	10	11	12
480	12	13	14	15	16	17	18	19	20	21
481	21	22	23	24	25	26	27	28	29	30
482	30	31	32	33	34	35	36	37	38	39
483	39	40	41	42	43	44	45	46	47	48
484	48	49	50	51	52	53	54	55	56	57
485	57	58	59	60	61	62	63	64	65	65
486	66	67	68	69	70	71	72	73	74	74
487	75	76	77	78	79	80	81	82	82	83
488	84	85	86	87	88	89	90	90	91	92
489	93	94	95	96	97	98	98	99	*00	*01
Zahl	0	1	2	3	4	5	6	7	8	9

4900—5199 I

6902—7159

Zahl	0	1	2	3	4	5	6	7	8	9
490	6902	03	04	05	06	06	07	08	09	10
491	11	12	13	13	14	15	16	17	18	19
492	20	21	21	22	23	24	25	26	27	28
493	28	29	30	31	32	33	34	35	36	36
494	37	38	39	40	41	42	43	43	44	45
495	46	47	48	49	50	50	51	52	53	54
496	55	56	57	57	58	59	60	61	62	63
497	64	64	65	66	67	68	69	70	71	71
498	72	73	74	75	76	77	78	78	79	80
499	81	82	83	84	84	85	86	87	88	89
500	90	91	91	92	93	94	95	96	97	98
501	98	99	*00	*01	*02	*03	*04	*04	*05	*06
502	7007	08	09	10	10	11	12	13	14	15
503	16	17	17	18	19	20	21	22	23	23
504	24	25	26	27	28	29	29	30	31	32
505	33	34	35	35	36	37	38	39	40	41
506	42	42	43	44	45	46	47	48	48	49
507	50	51	52	53	54	54	55	56	57	58
508	59	59	60	61	62	63	64	65	65	66
509	67	68	69	70	71	71	72	73	74	75
510	76	77	77	78	79	80	81	82	83	83
511	84	85	86	87	88	88	89	90	91	92
512	93	94	94	95	96	97	98	99	99	*00
513	7101	02	03	04	05	05	06	07	08	09
514	10	10	11	12	13	14	15	16	16	17
515	18	19	20	21	21	22	23	24	25	26
516	26	27	28	29	30	31	32	32	33	34
517	35	36	37	37	38	39	40	41	42	42
518	43	44	45	46	47	47	48	49	50	51
519	52	53	53	54	55	56	57	58	58	59
Zahl	0	1	2	3	4	5	6	7	8	9

Zahl	0	1	2	3	4	5	6	7	8	9
520	7160	61	62	63	63	64	65	66	67	68
521	68	69	70	71	72	73	73	74	75	76
522	77	78	78	79	80	81	82	83	83	84
523	85	86	87	88	88	89	90	91	92	92
524	93	94	95	96	97	97	98	99	*00	*01
525	7202	02	03	04	05	06	07	07	08	09
526	10	11	12	12	13	14	15	16	16	17
527	18	19	20	21	21	22	23	24	25	26
528	26	27	28	29	30	30	31	32	33	34
529	35	35	36	37	38	39	39	40	41	42
530	43	44	44	45	46	47	48	48	49	50
531	51	52	53	53	54	55	56	57	57	58
532	59	60	61	62	62	63	64	65	66	66
533	67	68	69	70	71	71	72	73	74	75
534	75	76	77	78	79	79	80	81	82	83
535	84	84	85	86	87	88	88	89	90	91
536	92	92	93	94	95	96	97	97	98	99
537	7300	01	01	02	03	04	05	05	06	07
538	08	09	09	10	11	12	13	13	14	15
539	16	17	17	18	19	20	21	22	22	23
540	24	25	26	26	27	28	29	30	30	31
541	32	33	34	34	35	36	37	38	38	39
542	40	41	42	42	43	44	45	46	46	47
543	48	49	50	50	51	52	53	54	54	55
544	56	57	58	58	59	60	61	62	62	63
545	64	65	66	66	67	68	69	70	70	71
546	72	73	74	74	75	76	77	77	78	79
547	80	81	81	82	83	84	85	85	86	87
548	88	89	89	90	91	92	93	93	94	95
549	96	97	97	98	99	*00	*00	*01	*02	*03
Zahl	0	1	2	3	4	5	6	7	8	9

Zahl	0	1	2	3	4	5	6	7	8	9
550	7404	04	05	06	07	08	08	09	10	11
551	12	12	13	14	15	15	16	17	18	19
552	19	20	21	22	23	23	24	25	26	26
553	27	28	29	30	30	31	32	33	34	34
554	35	36	37	37	38	39	40	41	41	42
555	43	44	44	45	46	47	48	48	49	50
556	51	52	52	53	54	55	55	56	57	58
557	59	59	60	61	62	62	63	64	65	66
558	66	67	68	69	69	70	71	72	73	73
559	74	75	76	76	77	78	79	80	80	81
560	82	83	83	84	85	86	87	87	88	89
561	90	90	91	92	93	93	94	95	96	97
562	97	98	99	*00	*00	*01	*02	*03	*04	*04
563	7505	06	07	07	08	09	10	10	11	12
564	13	14	14	15	16	17	17	18	19	20
565	20	21	22	23	24	24	25	26	27	27
566	28	29	30	30	31	32	33	34	34	35
567	36	37	37	38	39	40	40	41	42	43
568	43	44	45	46	47	47	48	49	50	50
569	51	52	53	59	54	55	56	56	57	58
570	59	60	60	61	62	63	63	64	65	66
571	66	67	68	69	69	70	71	72	72	73
572	74	75	75	76	77	78	79	79	80	81
573	82	82	83	84	85	85	86	87	88	88
574	89	90	91	91	92	93	94	94	95	96
575	97	97	98	99	*00	*00	*01	*02	*03	*03
576	7604	05	06	06	07	08	09	09	10	11
577	12	13	13	14	15	16	16	17	18	19
578	19	20	21	22	22	23	24	25	25	26
579	27	28	28	29	30	31	31	32	33	34
Zahl	0	1	2	3	4	5	6	7	8	9

Zahl	0	1	2	3	4	5	6	7	8	9
580	7634	35	36	37	37	38	39	40	40	41
581	42	43	43	44	45	45	46	47	48	48
582	49	50	51	51	52	53	54	54	55	56
583	57	57	58	59	60	60	61	62	63	63
584	64	65	66	66	67	68	69	69	70	71
585	72	72	73	74	75	75	76	77	77	78
586	79	80	80	81	82	83	83	84	85	86
587	86	87	88	89	89	90	91	92	92	93
588	94	95	95	96	97	97	98	99	*00	*00
589	7701	02	03	03	04	05	06	06	07	08
590	09	09	10	11	11	12	13	14	14	15
591	16	17	17	18	19	20	20	21	22	22
592	23	24	25	25	26	27	28	28	29	30
593	31	31	32	33	33	34	35	36	36	37
594	38	39	39	40	41	42	42	43	44	44
595	45	46	47	47	48	49	50	50	51	52
596	52	53	54	55	55	56	57	58	58	59
597	60	60	61	62	63	63	64	65	66	66
598	67	68	68	69	70	71	71	72	73	74
599	74	75	76	76	77	78	79	79	80	81
600	82	82	83	84	84	85	86	87	87	88
601	89	89	90	91	92	92	93	94	95	95
602	96	97	97	98	99	*00	*00	*01	*02	*02
603	7803	04	05	05	06	07	07	08	09	10
604	10	11	12	13	13	14	15	15	16	17
605	18	18	19	20	20	21	22	23	23	24
606	25	25	26	27	28	28	29	30	30	31
607	32	33	33	34	35	35	36	37	38	38
608	39	40	40	41	42	43	43	44	45	45
609	46	47	48	48	49	50	50	51	52	53
Zahl	0	1	2	3	4	5	6	7	8	9

Zahl	0	1	2	3	4	5	6	7	8	9
610	7853	54	55	55	56	57	58	58	59	60
611	60	61	62	63	63	64	65	65	66	67
612	68	68	69	70	70	71	72	72	73	74
613	75	75	76	77	77	78	79	80	80	81
614	82	82	83	84	85	85	86	87	87	88
615	89	89	90	91	92	92	93	94	94	95
616	96	97	97	98	99	99	*00	*01	*01	*02
617	7903	04	04	05	06	06	07	08	08	09
618	10	11	11	12	13	13	14	15	16	16
619	17	18	18	19	20	20	21	22	23	23
620	24	25	25	26	27	27	28	29	30	30
621	31	32	32	33	34	34	35	36	37	37
622	38	39	39	40	41	41	42	43	43	44
623	45	46	46	47	48	48	49	50	50	51
624	52	53	53	54	55	55	56	57	57	58
625	59	59	60	61	62	62	63	64	64	65
626	66	66	67	68	69	69	70	71	71	72
627	73	73	74	75	75	76	77	78	78	79
628	80	80	81	82	82	83	84	84	85	86
629	87	87	88	89	89	90	91	91	92	93
630	93	94	95	95	96	97	98	98	99	*00
631	8000	01	02	02	03	04	04	05	06	06
632	07	08	09	09	10	11	11	12	13	13
633	14	15	15	16	17	17	18	19	20	20
634	21	22	22	23	24	24	25	26	26	27
635	28	28	29	30	30	31	32	33	33	34
636	35	35	36	37	37	38	39	39	40	41
637	41	42	43	43	44	45	45	46	47	48
638	48	49	50	50	51	52	52	53	54	54
639	55	56	56	57	58	58	59	60	60	61
Zahl	0	1	2	3	4	5	6	7	8	9

Zahl	0	1	2	3	4	5	6	7	8	9
640	8062	62	63	64	65	65	66	67	67	68
641	69	69	70	71	71	72	73	73	74	75
642	75	76	77	77	78	79	79	80	81	81
643	82	83	83	84	85	85	86	87	88	88
644	89	90	90	91	92	92	93	94	94	95
645	96	96	97	98	98	99	*00	*00	*01	*02
646	8102	03	04	04	05	06	06	07	08	08
647	09	10	10	11	12	12	13	14	14	15
648	16	16	17	18	18	19	20	20	21	22
649	22	23	24	24	25	26	26	27	28	28
650	29	30	30	31	32	32	33	34	34	35
651	36	36	37	38	38	39	40	40	41	42
652	42	43	44	44	45	46	46	47	48	48
653	49	50	50	51	52	52	53	54	54	55
654	56	56	57	58	58	59	60	60	61	62
655	62	63	64	64	65	66	66	67	68	68
656	69	70	70	71	72	72	73	74	74	75
657	76	76	77	78	78	79	80	80	81	82
658	82	83	84	84	85	86	86	87	88	88
659	89	90	90	91	91	92	93	93	94	95
660	95	96	97	97	98	99	99	*00	*01	*01
661	8202	03	03	04	05	05	06	07	07	08
662	09	09	10	11	11	12	13	13	14	14
663	15	16	16	17	18	18	19	20	20	21
664	22	22	23	24	24	25	26	26	27	28
665	28	29	30	30	31	31	32	33	33	34
666	35	35	36	37	37	38	39	39	40	41
667	41	42	43	43	44	45	45	46	46	47
668	48	48	49	50	50	51	52	52	53	54
669	54	55	56	56	57	58	58	59	59	60
Zahl	0	1	2	3	4	5	6	7	8	9

Zahl	0	1	2	3	4	5	6	7	8	9
670	8261	61	62	63	63	64	65	65	66	67
671	67	68	69	69	70	70	71	72	72	73
672	74	74	75	76	76	77	78	78	79	80
673	80	81	81	82	83	83	84	85	85	86
674	87	87	88	89	89	90	90	91	92	92
675	93	94	94	95	96	96	97	98	98	99
676	99	*00	*01	*01	*02	*03	*03	*04	*05	*05
677	8306	07	07	08	08	09	10	10	11	12
678	12	13	14	14	15	15	16	17	17	18
679	19	19	20	21	21	22	23	23	24	24
680	25	26	26	27	28	28	29	30	30	31
681	31	32	33	33	34	35	35	36	37	37
682	38	38	39	40	40	41	42	42	43	44
683	44	45	45	46	47	47	48	49	49	50
684	51	51	52	52	53	54	54	55	56	56
685	57	58	58	59	59	60	61	61	62	63
686	63	64	65	65	66	66	67	68	68	69
687	70	70	71	71	72	73	73	74	75	75
688	76	77	77	78	78	79	80	80	81	82
689	82	83	83	84	85	85	86	87	87	88
690	88	89	90	90	91	92	92	93	94	94
691	95	95	96	97	97	98	99	99	*00	*00
692	8401	02	02	03	04	04	05	05	06	07
693	07	08	09	09	10	10	11	12	12	13
694	14	14	15	15	16	17	17	18	19	19
695	20	20	21	22	22	23	24	24	25	25
696	26	27	27	28	29	29	30	30	31	32
697	32	33	34	34	35	35	36	37	37	38
698	39	39	40	40	41	42	42	43	44	44
699	45	45	46	47	47	48	48	49	50	50
Zahl	0	1	2	3	4	5	6	7	8	9

Zahl	0	1	2	3	4	5	6	7	8	9
700	8451	52	52	53	53	54	55	55	56	57
701	57	58	58	59	60	60	61	62	62	63
702	63	64	65	65	66	66	67	68	68	69
703	70	70	71	71	72	73	73	74	74	75
704	76	76	77	78	78	79	79	80	81	81
705	82	83	83	84	84	85	86	86	87	87
706	88	89	89	90	91	91	92	92	93	94
707	94	95	95	96	97	97	98	98	99	*00
708	8500	01	02	02	03	03	04	05	05	06
709	06	07	08	08	09	10	10	11	11	12
710	13	13	14	14	15	16	16	17	17	18
711	19	19	20	21	21	22	22	23	24	24
712	25	25	26	27	27	28	28	29	30	30
713	31	32	32	33	33	34	35	35	36	36
714	37	38	38	39	39	40	41	41	42	42
715	43	44	44	45	45	46	47	47	48	49
716	49	50	50	51	52	52	53	53	54	55
717	55	56	56	57	58	58	59	59	60	61
718	61	62	62	63	64	64	65	65	66	67
719	67	68	68	69	70	70	71	72	72	73
720	73	74	75	75	76	76	77	78	78	79
721	79	80	81	81	82	82	83	84	84	85
722	85	86	87	87	88	88	89	90	90	91
723	91	92	93	93	94	94	95	96	96	97
724	97	98	99	99	*00	*00	*01	*02	*02	*03
725	8603	04	05	05	06	06	07	08	08	09
726	09	10	11	11	12	12	13	14	14	15
727	15	16	17	17	18	18	19	20	20	21
728	21	22	23	23	24	24	25	25	26	27
729	27	28	28	29	30	30	31	31	32	33
Zahl	0	1	2	3	4	5	6	7	8	9

Zahl	0	1	2	3	4	5	6	7	8	9
730	8633	34	34	35	36	36	37	37	38	39
731	39	40	40	41	42	42	43	43	44	45
732	45	46	46	47	47	48	49	49	50	50
733	51	52	52	53	53	54	55	55	56	56
734	57	58	58	59	59	60	61	61	62	62
735	63	63	64	65	65	66	66	67	68	68
736	69	69	70	71	71	72	72	73	73	74
737	75	75	76	76	77	78	78	79	79	80
738	81	81	82	82	83	84	84	85	85	86
739	86	87	88	88	89	89	90	91	91	92
740	92	93	93	94	95	95	96	96	97	98
741	98	99	99	*00	*01	*01	*02	*02	*03	*03
742	8704	05	05	06	06	07	08	08	09	09
743	10	10	11	12	12	13	13	14	15	15
744	16	16	17	17	18	19	19	20	20	21
745	22	22	23	23	24	24	25	26	26	27
746	27	28	29	29	30	30	31	31	32	33
747	33	34	34	35	36	36	37	37	38	38
748	39	40	40	41	41	42	42	43	44	44
749	45	45	46	47	47	48	48	49	49	50
750	51	51	52	52	53	54	54	55	55	56
751	56	57	58	58	59	59	60	60	61	62
752	62	63	63	64	64	65	66	66	67	67
753	68	69	69	70	70	71	71	72	73	73
754	74	74	75	75	76	77	77	78	78	79
755	79	80	81	81	82	82	83	83	84	85
756	85	86	86	87	88	88	89	89	90	90
757	91	92	92	93	93	94	94	95	96	96
758	97	97	98	98	99	*00	*00	*01	*01	*02
759	8802	03	04	04	05	05	06	06	07	08
Zahl	0	1	2	3	4	5	6	7	8	9

Zahl	0	1	2	3	4	5	6	7	8	9
760	8808	09	09	10	10	11	12	12	13	13
761	14	14	15	16	16	17	17	18	18	19
762	20	20	21	21	22	22	23	24	24	25
763	25	26	26	27	28	28	29	29	30	30
764	31	32	32	33	33	34	34	35	35	36
765	37	37	38	38	39	39	40	41	41	42
766	42	43	43	44	45	45	46	46	47	47
767	48	49	49	50	50	51	51	52	52	53
768	54	54	55	55	56	56	57	58	58	59
769	59	60	60	61	62	62	63	63	64	64
770	65	65	66	67	67	68	68	69	69	70
771	71	71	72	72	73	73	74	74	75	76
772	76	77	77	78	78	79	80	80	81	81
773	82	82	83	83	84	85	85	86	86	87
774	87	88	89	89	90	90	91	91	92	92
775	93	94	94	95	95	96	96	97	97	98
776	99	99	*00	*00	*01	*01	*02	*03	*03	*04
777	8904	05	05	06	06	07	08	08	09	09
778	10	10	11	11	12	13	13	14	14	15
779	15	16	16	17	18	18	19	19	20	20
780	21	22	22	23	23	24	24	25	25	26
781	27	27	28	28	29	29	30	30	31	32
782	32	33	33	34	34	35	35	36	37	37
783	38	38	39	39	40	40	41	41	42	43
784	43	44	44	45	45	46	46	47	48	48
785	49	49	50	50	51	51	52	53	53	54
786	54	55	55	56	56	57	58	58	59	59
787	60	60	61	61	62	63	63	64	64	65
788	65	66	66	67	67	68	69	69	70	70
789	71	71	72	72	73	74	74	75	75	76
Zahl	0	1	2	3	4	5	6	7	8	9

Zahl	0	1	2	3	4	5	6	7	8	9
790	8976	77	77	78	78	79	80	80	81	81
791	82	82	83	83	84	85	85	86	86	87
792	87	88	88	89	89	90	91	91	92	92
793	93	93	94	94	95	95	96	97	97	98
794	98	99	99	*00	*00	*01	*01	*02	*03	*03
795	9004	04	05	05	06	06	07	07	08	09
796	09	10	10	11	11	12	12	13	13	14
797	15	15	16	16	17	17	18	18	19	19
798	20	21	21	22	22	23	23	24	24	25
799	25	26	27	27	28	28	29	29	30	30
800	31	31	32	33	33	34	34	35	35	36
801	36	37	37	38	38	39	40	40	41	41
802	42	42	43	43	44	44	45	46	46	47
803	47	48	48	49	49	50	50	51	51	52
804	53	53	54	54	55	55	56	56	57	57
805	58	58	59	60	60	61	61	62	62	63
806	63	64	64	65	66	66	67	67	68	68
807	69	69	70	70	71	71	72	73	73	74
808	74	75	75	76	76	77	77	78	78	79
809	79	80	81	81	82	82	83	83	84	84
810	85	85	86	86	87	88	88	89	89	90
811	90	91	91	92	92	93	93	94	94	95
812	96	96	97	97	98	98	99	99	*00	*00
813	9101	01	02	03	03	04	04	05	05	06
814	06	07	07	08	08	09	09	10	11	11
815	12	12	13	13	14	14	15	15	16	16
816	17	17	18	18	19	20	20	21	21	22
817	22	23	23	24	24	25	25	26	26	27
818	28	28	29	29	30	30	31	31	32	32
819	33	33	34	34	35	35	36	37	37	38
Zahl	0	1	2	3	4	5	6	7	8	9

Zahl	0	1	2	3	4	5	6	7	8	9
820	9138	39	39	40	40	41	41	42	42	43
821	43	44	44	45	46	46	47	47	48	48
822	49	49	50	50	51	51	52	52	53	53
823	54	55	55	56	56	57	57	58	58	59
824	59	60	60	61	61	62	62	63	63	64
825	65	65	66	66	67	67	68	68	69	69
826	70	70	71	71	72	72	73	73	74	75
827	75	76	76	77	77	78	78	79	79	80
828	80	81	81	82	82	83	83	84	84	85
829	86	86	87	87	88	88	89	89	90	90
830	91	91	92	92	93	93	94	94	95	95
831	96	97	97	98	98	99	99	*00	*00	*01
832	9201	02	02	03	03	04	04	05	05	06
833	06	07	07	08	09	09	10	10	11	11
834	12	12	13	13	14	14	15	15	16	16
835	17	17	18	18	19	19	20	21	21	22
836	22	23	23	24	24	25	25	26	26	27
837	27	28	28	29	29	30	30	31	31	32
838	32	33	33	34	35	35	36	36	37	37
839	38	38	39	39	40	40	41	41	42	42
840	43	43	44	44	45	45	46	46	47	47
841	48	48	49	50	50	51	51	52	52	53
842	53	54	54	55	55	56	56	57	57	58
843	58	59	59	60	60	61	61	62	62	63
844	63	64	64	65	65	66	67	67	68	68
845	69	69	70	70	71	71	72	72	73	73
846	74	74	75	75	76	76	77	77	78	78
847	79	79	80	80	81	81	82	82	83	83
848	84	84	85	85	86	87	87	88	88	89
849	89	90	90	91	91	92	92	93	93	94
Zahl	0	1	2	3	4	5	6	7	8	9

8500—8799 **I**

9294—9444

Zahl	0	1	2	3	4	5	6	7	8	9
850	9294	95	95	96	96	97	97	98	98	99
851	99	*00	*00	*01	*01	*02	*02	*03	*03	*04
852	9304	05	05	06	06	07	07	08	08	09
853	09	10	11	11	12	12	13	13	14	14
854	15	15	16	16	17	17	18	18	19	19
855	20	20	21	21	22	22	23	23	24	24
856	25	25	26	26	27	27	28	28	29	29
857	30	30	31	31	32	32	33	33	34	34
858	35	35	36	36	37	37	38	38	39	39
859	40	40	41	41	42	42	43	43	44	44
860	45	45	46	46	47	48	48	49	49	50
861	50	51	51	52	52	53	53	54	54	55
862	55	56	56	57	57	58	58	59	59	60
863	60	61	61	62	62	63	63	64	64	65
864	65	66	66	67	67	68	68	69	69	70
865	70	71	71	72	72	73	73	74	74	75
866	75	76	76	77	77	78	78	79	79	80
867	80	81	81	82	82	83	83	84	84	85
868	85	86	86	87	87	88	88	89	89	90
869	90	91	91	92	92	93	93	94	94	95
870	95	96	96	97	97	98	98	99	99	*00
871	9400	01	01	02	02	03	03	04	04	05
872	05	06	06	07	07	08	08	09	09	10
873	10	11	11	12	12	13	13	14	14	15
874	15	16	16	17	17	18	18	19	19	20
875	20	21	21	22	22	23	23	24	24	25
876	25	26	26	27	27	28	28	29	29	30
877	30	30	31	31	32	32	33	33	34	34
878	35	35	36	36	37	37	38	38	39	39
879	40	40	41	41	42	42	43	43	44	44
Zahl	0	1	2	3	4	5	6	7	8	9

Zahl	0	1	2	3	4	5	6	7	8	9
880	9445	45	46	46	47	47	48	48	49	49
881	50	50	51	51	52	52	53	53	54	54
882	55	55	56	56	57	57	58	58	59	59
883	60	60	61	61	62	62	63	63	64	64
884	65	65	66	66	66	67	67	68	68	69
885	69	70	70	71	71	72	72	73	73	74
886	74	75	75	76	76	77	77	78	78	79
887	79	80	80	81	81	82	82	83	83	84
888	84	85	85	86	86	87	87	88	88	89
889	89	90	90	90	91	91	92	92	93	93
890	94	94	95	95	96	96	97	97	98	98
891	99	99	*00	*00	*01	*01	*02	*02	*03	*03
892	9504	04	05	05	06	06	07	07	08	08
893	09	09	09	10	10	11	11	12	12	13
894	13	14	14	15	15	16	16	17	17	18
895	18	19	19	20	20	21	21	22	22	23
896	23	24	24	25	25	26	26	26	27	27
897	28	28	29	29	30	30	31	31	32	32
898	33	33	34	34	35	35	36	36	37	37
899	38	38	39	39	40	40	40	41	41	42
900	42	43	43	44	44	45	45	46	46	47
901	47	48	48	49	49	50	50	51	51	52
902	52	53	53	54	54	54	55	55	56	56
903	57	57	58	58	59	59	60	60	61	61
904	62	62	63	63	64	64	65	65	66	66
905	66	67	67	68	68	69	69	70	70	71
906	71	72	72	73	73	74	74	75	75	76
907	76	77	77	78	78	78	79	79	80	80
908	81	81	82	82	83	83	84	84	85	85
909	86	86	87	87	88	88	89	89	89	90
Zahl	0	1	2	3	4	5	6	7	8	9

9100—9399 I

9590—9731

Zahl	0	1	2	3	4	5	6	7	8	9
910	9590	91	91	92	92	93	93	94	94	95
911	95	96	96	97	97	98	98	99	99	99
912	9600	00	01	01	02	02	03	03	04	04
913	05	05	06	06	07	07	08	08	09	09
914	09	10	10	11	11	12	12	13	13	14
915	14	15	15	16	16	17	17	18	18	18
916	19	19	20	20	21	21	22	22	23	23
917	24	24	25	25	26	26	27	27	27	28
918	28	29	29	30	30	31	31	32	32	33
919	33	34	34	35	35	36	36	36	37	37
920	38	38	39	39	40	40	41	41	42	42
921	43	43	44	44	44	45	45	46	46	47
922	47	48	48	49	49	50	50	51	51	52
923	52	52	53	53	54	54	55	55	56	56
924	57	57	58	58	59	59	60	60	60	61
925	61	62	62	63	63	64	64	65	65	66
926	66	67	67	68	68	68	69	69	70	70
927	71	71	72	72	73	73	74	74	75	75
928	75	76	76	77	77	78	78	79	79	80
929	80	81	81	82	82	82	83	83	84	84
930	85	85	86	86	87	87	88	88	89	89
931	89	90	90	91	91	92	92	93	93	94
932	94	95	95	96	96	96	97	97	98	98
933	99	99	*00	*00	*01	*01	*02	*02	*03	*03
934	9703	04	04	05	05	06	06	07	07	08
935	08	09	09	10	10	10	11	11	12	12
936	13	13	14	14	15	15	16	16	16	17
937	17	18	18	19	19	20	20	21	21	22
938	22	22	23	23	24	24	25	25	26	26
939	27	27	28	28	29	29	29	30	30	31
Zahl	0	1	2	3	4	5	6	7	8	9

Zahl	0	1	2	3	4	5	6	7	8	9
940	9731	32	32	33	33	34	34	35	35	35
941	36	36	37	37	38	38	39	39	40	40
942	41	41	41	42	42	43	43	44	44	45
943	45	46	46	46	47	47	48	48	49	49
944	50	50	51	51	52	52	52	53	53	54
945	54	55	55	56	56	57	57	58	58	58
946	59	59	60	60	61	61	62	62	63	63
947	63	64	64	65	65	66	66	67	67	68
948	68	69	69	69	70	70	71	71	72	72
949	73	73	74	74	74	75	75	76	76	77
950	77	78	78	79	79	80	80	80	81	81
951	82	82	83	83	84	84	85	85	85	86
952	86	87	87	88	88	89	89	90	90	90
953	91	91	92	92	93	93	94	94	95	95
954	95	96	96	97	97	98	98	99	99	*00
955	9800	00	01	01	02	02	03	03	04	04
956	05	05	05	06	06	07	07	08	08	09
957	09	10	10	10	11	11	12	12	13	13
958	14	14	15	15	15	16	16	17	17	18
959	18	19	19	20	20	20	21	21	22	22
960	23	23	24	24	25	25	25	26	26	27
961	27	28	28	29	29	29	30	30	31	31
962	32	32	33	33	34	34	34	35	35	36
963	36	37	37	38	38	39	39	39	40	40
964	41	41	42	42	43	43	43	44	44	45
965	45	46	46	47	47	48	48	48	49	49
966	50	50	51	51	52	52	52	53	53	54
967	54	55	55	56	56	57	57	57	58	58
968	59	59	60	60	61	61	61	62	62	63
969	63	64	64	65	65	65	66	66	67	67
Zahl	0	1	2	3	4	5	6	7	8	9

Zahl	0	1	2	3	4	5	6	7	8	9
970	9868	68	69	69	70	70	70	71	71	72
971	72	73	73	74	74	74	75	75	76	76
972	77	77	78	78	78	79	79	80	80	81
973	81	82	82	82	83	83	84	84	85	85
974	86	86	86	87	87	88	88	89	89	90
975	90	90	91	91	92	92	93	93	94	94
976	94	95	95	96	96	97	97	98	98	99
977	99	99	*00	*00	*01	*01	*02	*02	*03	*03
978	9903	04	04	05	05	06	06	06	07	07
979	08	08	09	09	10	10	10	11	11	12
980	12	13	13	14	14	14	15	15	16	16
981	17	17	18	18	18	19	19	20	20	21
982	21	22	22	22	23	23	24	24	25	25
983	26	26	26	27	27	28	28	29	29	30
984	30	30	31	31	32	32	33	33	33	34
985	34	35	35	36	36	37	37	37	38	38
986	39	39	40	40	41	41	41	42	42	43
987	43	44	44	44	45	45	46	46	47	47
988	48	48	48	49	49	50	50	51	51	52
989	52	52	53	53	54	54	55	55	55	56
990	56	57	57	58	58	59	59	59	60	60
991	61	61	62	62	62	63	63	64	64	65
992	65	66	66	66	67	67	68	68	69	69
993	69	70	70	71	71	72	72	73	73	73
994	74	74	75	75	76	76	76	77	77	78
995	78	79	79	80	80	80	81	81	82	82
996	83	83	83	84	84	85	85	86	86	87
997	87	87	88	88	89	89	90	90	90	91
998	91	92	92	93	93	93	94	94	95	95
999	96	96	97	97	97	98	98	99	99	*00
Zahl	0	1	2	3	4	5	6	7	8	9

II

Vierstellige dekadische Logarithmen der trigonometrischen Funktionswerte

---

Bemerkung: Den Logarithmen von Sinus und Kosinus für alle Winkel, den Logarithmen von Tangens für 0° bis 45° und den Logarithmen von Kotangens für 45° bis 90° ist die negative Kennziffer — 10 anzuhängen.

II

Vom Winkel zum log *sin* und umgekehrt!

0^0 bis 2^0; $-\infty$ bis 8,5428.

Vom Winkel zum log *sin*!*)	Vom log *sin* zum Winkel!
0^0 bis 2^0.	$-\infty$ bis 8,5428
Man schreibe den Winkel in x Sekunden und setze dann:	Man setze:
a) $\log sin\, x = \log x + 4{,}6856$, falls $x \leqq 3823$ ($1^0\, 3'\, 43''$);	a) $\log x = \log sin\, x - 4{,}6856$, falls $\log sin\, x \leqq 8{,}2680$;
b) $\log sin\, x = \log x + 4{,}6855$, falls $3823 < x \leqq 7200$ (2^0).	b) $\log x = \log sin\, x - 4{,}6855$, falls $8{,}2680 < \log sin\, x \leqq 8{,}5428$.
	Man erhält dadurch den Winkel x in Sekunden.

Vom Winkel zum log *cos*!	Vom log *cos* zum Winkel!
90^0 bis 88^0.	$-\infty$ bis 8,5428.
Man schreibe das **Komplement** des Winkels x in y Sekunden und setze dann:	Man setze:
a) $\log cos\, x = \log y + 4{,}6856$, falls $y \leqq 3823$ ($1^0\, 3'\, 43''$);	a) $\log y = \log cos\, x - 4{,}6856$, falls $\log cos\, x \leqq 8{,}2680$;
b) $\log cos\, x = \log y + 4{,}6855$, falls $3823 < y \leqq 7200$ (2^0).	b) $\log y = \log cos\, x - 4{,}6855$, falls $8{,}2680 < \log cos\, x \leqq 8{,}5428$.
	Man erhält dadurch das Komplement y des Winkels x in Sekunden.

90^0 bis 88^0; $-\infty$ bis 8,5428.

Vom Winkel zum log *cos* und umgekehrt!

*) Aus der für kleine Winkel richtigen Gleichung:

$$sin\, x'' = x \cdot \frac{2\pi}{360 \cdot 60 \cdot 60}.$$

II

Vom Winkel zum log *tan* und umgekehrt!

0^0 bis $1^0\ 59'$; $-\infty$ bis 8,5394.

Vom Winkel zum log *tan*! *)	Vom log *tan* zum Winkel!
0^0 bis $1^0\ 59'$.	$-\infty$ bis 8,5394.
Man schreibe den Winkel in x Sekunden und setze dann:	Man setze:
a) $\log tan\ x = \log x + 4{,}6856$ falls $x < 4700$ ($1^0\ 18'\ 20''$);	a) $\log x = \log tan\ x - 4{,}6856$ falls $\log tan\ x \leqq 8{,}3577$
b) $\log tan\ x = \log x + 4{,}6857$ falls $4700 \leqq x < 7140$ ($1^0 59'$).	b) $\log x = \log tan\ x - 4{,}6857$ falls $8{,}3577 < \log tan\ x \leqq 8{,}5394$

Vom Winkel zum log *cot*!	Vom log *cot* zum Winkel!
90^0 bis $88^0\ 1'$.	
Man schreibe das Komplement des Winkels x in y Sekunden und setze dann:	Man setze:
a) $\log cot\ x = \log y + 4{,}6856$ falls $y < 4700$ ($1^0\ 18'\ 20''$);	a) $\log y = \log cot\ x - 4{,}6856$ falls $\log cot\ x \leqq 8{,}3577$
b) $\log cot\ x = \log y + 4{,}6857$ falls $4700 < y \leqq 7140$ ($1^0 59'$).	b) $\log y = \log cot\ x - 4{,}6857$ falls $8{,}3577 < \log cot\ x \leqq 8{,}5394$

90^0 bis $88^0\ 1'$; $-\infty$ bis 8,5394.

Vom Winkel zum log *cot* und umgekehrt!

*) Aus der für kleine Winkel richtigen Gleichung:

$$tan\ x'' = x \cdot \frac{2\pi}{360 \cdot 60 \cdot 60}.$$

Logarithmen der Sinuswerte

1° 59′ bis 2° 30′

Grad	Mi	0"	10"	20"	30"	40"	50"	60"		
1	59	8,5392	98	*04	*10	*16	*22	*28	0	88
2	0	8,5428	34	40	46	52	58	64	59	
	1	64	70	76	82	88	94	*00	58	
	2	8,5500	06	12	18	24	29	35	57	
	3	35	41	47	53	59	65	71	56	
	4	71	76	82	88	94	*00	*05	55	
	5	8,5605	11	17	23	28	34	40	54	
	6	40	46	51	57	63	69	74	53	
	7	74	80	86	91	97	*03	*08	52	
	8	8,5708	14	20	25	31	37	42	51	
	9	42	48	53	59	65	70	76	50	
	10	76	81	87	92	98	*03	*09	49	
	11	8,5809	14	20	25	31	36	42	48	
	12	42	47	53	58	64	69	75	47	
	13	75	80	86	91	96	*02	*07	46	
	14	8,5907	13	18	23	29	34	39	45	
	15	39	45	50	56	61	66	72	44	
	16	72	77	82	87	93	98	*03	43	
	17	8,6003	09	14	19	24	30	35	42	
	18	35	40	45	51	56	61	66	41	
	19	66	71	77	82	87	92	97	40	
	20	97	*03	*08	*13	*18	*23	*28	39	
	21	8,6128	33	38	44	49	54	59	38	
	22	59	64	69	74	79	84	89	37	
	23	89	94	99	*05	*10	*15	*20	36	
	24	8,6220	25	30	35	40	45	50	35	
	25	50	55	60	65	70	75	79	34	
	26	79	84	89	94	99	*04	*09	33	
	27	8,6309	14	19	24	29	34	39	32	
	28	39	43	48	53	58	63	68	31	
	29	68	73	77	82	87	92	97	30	87
		60"	50"	40"	30"	20"	10"	0"	Mi.	Grad

88° 1′ bis 87° 30′

Logarithmen der Kosinuswerte

Logarithmen der Tangenswerte

1° 59′ bis 2° 30′

Grad	Mi.	0″	10″	20″	30″	40″	50″	60″		
1	59	8,5394	*01	*07	*13	*19	*25	*31	0	88
2	0	8,5431	37	43	49	55	61	67	59	
	1	67	73	79	85	91	97	*03	58	
	2	8,5503	09	15	20	26	32	38	57	
	3	38	44	50	56	62	68	73	56	
	4	73	79	85	91	97	*02	*08	55	
	5	8,5608	14	20	26	31	37	43	54	
	6	43	49	54	60	66	72	77	53	
	7	77	83	89	94	*00	*06	*11	52	
	8	8,5711	17	23	28	34	40	45	51	
	9	45	51	56	62	68	73	79	50	
	10	79	84	90	95	*01	*07	*12	49	
	11	8,5812	18	23	29	34	40	45	48	
	12	45	51	56	62	67	72	78	47	
	13	78	83	89	94	*00	*05	*11	46	
	14	8,5911	16	21	27	32	37	43	45	
	15	43	48	54	59	64	70	75	44	
	16	75	80	86	91	96	*01	*07	43	
	17	8,6007	12	17	23	28	33	38	42	
	18	38	44	49	54	59	65	70	41	
	19	70	75	80	85	91	96	*01	40	
	20	8,6101	06	11	16	22	27	32	39	
	21	32	37	42	47	52	58	63	38	
	22	63	68	73	78	83	88	93	37	
	23	93	98	*03	*08	*13	*18	*23	36	
	24	8,6223	28	33	38	44	49	54	35	
	25	54	59	64	68	73	78	83	34	
	26	83	88	93	98	*03	*08	*13	33	
	27	8,6313	18	23	28	33	38	43	32	
	28	43	47	52	57	62	67	72	31	
	29	72	77	82	86	91	96	*01	30	87
		60″	50″	40″	30″	20″	10″	0″	Mi.	Grad

88° 1′ bis 87° 30′

Logarithmen der Kotangenswerte

II

Logarithmen der Sinuswerte

2° 30′ bis 3°

Grad	Mi	0″	10″	20″	30″	40″	50″	60″		
2	30	8,6397	402	406	411	416	421	426	29	
	31	426	430	435	440	445	450	454	28	
	32	454	459	464	469	473	478	483	27	
	33	483	487	492	497	502	506	511	26	
	34	511	516	520	525	530	534	539	25	
	35	539	544	548	553	558	562	567	24	
	36	567	572	576	581	586	590	595	23	
	37	595	599	604	609	613	618	622	22	
	38	622	627	631	636	641	645	650	21	
	39	650	654	659	663	668	672	677	20	
	40	677	681	686	690	695	699	704	19	
	41	704	708	713	717	722	726	731	18	
	42	731	735	740	744	749	753	758	17	
	43	758	762	766	771	775	780	784	16	
	44	784	788	793	797	802	806	810	15	
	45	810	815	819	824	828	832	837	14	
	46	837	841	845	850	854	858	863	13	
	47	863	867	871	876	880	884	889	12	
	48	889	893	897	902	906	910	914	11	
	49	914	919	923	927	931	936	940	10	
	50	940	944	948	953	957	961	965	9	
	51	965	970	974	978	982	987	991	8	
	52	991	995	999	003	*008	*012	*016	7	
	53	8,7016	020	024	028	033	037	041	6	
	54	041	045	049	053	057	062	066	5	
	55	066	070	074	078	082	086	090	4	
	56	090	095	099	103	107	111	115	3	
	57	115	119	123	127	131	135	140	2	
	58	140	144	148	152	156	160	164	1	
	59	164	168	172	176	180	184	188	0	87
		60″	50″	40″	30″	20″	10″	0″	Mi.	Grad

87° 30′ bis 87°

Logarithmen der Kosinuswerte

Logarithmen der Tangenswerte

$2^0\,30'$ bis 3^0

Grad	Mi.	0″	10″	20″	30″	40″	50″	60″		
2	30	8,6401	406	411	415	420	425	430	29	
	31	430	435	439	444	449	454	459	28	
	32	459	463	468	473	478	482	487	27	
	33	487	492	497	501	506	511	515	26	
	34	515	520	525	529	534	539	544	25	
	35	544	548	553	558	562	567	571	24	
	36	571	576	581	585	590	595	599	23	
	37	599	604	609	613	618	622	627	22	
	38	627	631	636	641	645	650	654	21	
	39	654	659	663	668	673	677	682	20	
	40	682	686	691	695	700	704	709	19	
	41	709	713	718	722	727	731	736	18	
	42	736	740	745	749	753	758	762	17	
	43	762	767	771	776	780	785	789	16	
	44	789	793	798	802	807	811	815	15	
	45	815	820	824	829	833	837	842	14	
	46	842	846	850	855	859	864	868	13	
	47	868	872	877	881	885	889	894	12	
	48	894	898	902	907	911	915	920	11	
	49	920	924	928	932	937	941	945	10	
	50	945	950	954	958	962	967	971	9	
	51	971	975	979	984	988	992	996	8	
	52	996	*000	*005	*009	*013	*017	*021	7	
	53	8,7021	026	030	034	038	042	046	6	
	54	046	051	055	059	063	067	071	5	
	55	071	076	080	084	088	092	096	4	
	56	096	100	104	109	113	117	121	3	
	57	121	125	129	133	137	141	145	2	
	58	145	149	153	158	162	166	170	1	
	59	170	174	178	182	186	190	194	0	87
		60″	50″	40″	30″	20″	10″	0″	Mi.	Grad

$87^0\,30'$ bis 87^0

Logarithmen der Kotangenswerte

II

Logarithmen der Sinuswerte

3° bis 3° 30

Grad	Mi.	0″	10″	20″	30″	40″	50″	60″		
3	0	8,7188	192	196	200	204	208	212	59	
	1	212	216	220	224	228	232	236	58	
	2	236	240	244	248	252	256	260	57	
	3	260	264	268	272	275	279	283	56	
	4	283	287	291	295	299	303	307	55	
	5	307	311	315	319	322	326	330	54	
	6	330	334	338	342	346	350	354	53	
	7	354	357	361	365	369	373	377	52	
	8	377	381	384	388	392	396	400	51	
	9	400	404	407	411	415	419	423	50	
	10	423	426	430	434	438	442	445	49	
	11	445	449	453	457	460	464	468	48	
	12	468	472	476	479	483	487	491	47	
	13	491	494	498	502	506	509	513	46	
	14	513	517	520	524	528	532	535	45	
	15	535	539	543	546	550	554	557	44	
	16	557	561	565	569	572	576	580	43	
	17	580	583	587	591	594	598	602	42	
	18	602	605	609	612	616	620	623	41	
	19	623	627	631	634	638	641	645	40	
	20	645	649	652	656	660	663	667	39	
	21	667	670	674	678	681	685	688	38	
	22	688	692	695	699	703	706	710	37	
	23	710	713	717	720	724	727	731	36	
	24	731	735	738	742	745	749	752	35	
	25	752	756	759	763	766	770	773	34	
	26	773	777	780	784	787	791	794	33	
	27	794	798	801	805	808	812	815	32	
	28	815	819	822	826	829	833	836	31	
	29	836	840	843	846	850	853	857	30	86
		60″	50″	40″	30″	20″	10″	0″	Mi.	Grad

87° bis 86° 30′

Logarithmen der Kosinuswerte

Logarithmen der Tangenswerte

3^0 bis $3^0\,30'$

Grad	Mi.	0″	10″	20″	30″	40″	50″	60″		
3	0	8,7194	198	202	206	210	214	218	59	
	1	218	222	226	230	234	238	242	58	
	2	242	246	250	254	258	262	266	57	
	3	266	270	274	278	282	286	290	56	
	4	290	294	297	301	305	309	313	55	
	5	313	317	321	325	329	333	337	54	
	6	337	341	344	348	352	356	360	53	
	7	360	364	368	372	375	379	383	52	
	8	383	387	391	395	399	402	406	51	
	9	406	410	414	418	422	425	429	50	
	10	429	433	437	441	444	448	452	49	
	11	452	456	460	463	467	471	475	48	
	12	475	479	482	486	490	494	497	47	
	13	497	501	505	509	512	516	520	46	
	14	520	524	527	531	535	539	542	45	
	15	542	546	550	553	557	561	565	44	
	16	565	568	572	576	579	583	587	43	
	17	587	590	594	598	601	605	609	42	
	18	609	612	616	620	623	627	631	41	
	19	631	634	638	642	645	649	652	40	
	20	652	656	660	663	667	671	674	39	
	21	674	678	681	685	689	692	696	38	
	22	696	699	703	707	710	714	717	37	
	23	717	721	724	728	732	735	739	36	
	24	739	742	746	749	753	756	760	35	
	25	760	763	767	771	774	778	781	34	
	26	781	785	788	792	795	799	802	33	
	27	802	806	809	813	816	820	823	32	
	28	823	827	830	834	837	841	844	31	
	29	844	848	851	854	858	861	865	30	86
		60″	50″	40″	30″	20″	10″	0″	Mi.	Grad

87^0 bis $86^0\,30'$

Logarithmen der Kotangenswerte

II

Logarithmen der Sinuswerte

3° 30′ bis 4°

Grad	Mi	0″	10″	20″	30″	40″	50″	60″		
3	30	8,7857	860	864	867	871	874	877	29	
	31	877	881	884	888	891	894	898	28	
	32	898	901	905	908	911	915	918	27	
	33	918	922	925	928	932	935	939	26	
	34	939	942	945	949	952	955	959	25	
	35	959	962	966	969	972	976	979	24	
	36	979	982	986	989	992	996	999	23	
	37	999	*002	*006	*009	*012	*016	*019	22	
	38	8,8019	022	026	029	032	035	039	21	
	39	039	042	045	049	052	055	059	20	
	40	059	062	065	068	072	075	078	19	
	41	078	081	085	088	091	095	098	18	
	42	098	101	104	108	111	114	117	17	
	43	117	121	124	127	130	133	137	16	
	44	137	140	143	146	150	153	156	15	
	45	156	159	162	166	169	172	175	14	
	46	175	178	182	185	188	191	194	13	
	47	194	198	201	204	207	210	213	12	
	48	213	217	220	223	226	229	232	11	
	49	232	236	239	242	245	248	251	10	
	50	251	254	258	261	264	267	270	9	
	51	270	273	276	279	283	286	289	8	
	52	289	292	295	298	301	304	307	7	
	53	307	311	314	317	320	323	326	6	
	54	326	329	332	335	338	341	345	5	
	55	345	348	351	354	357	360	363	4	
	56	363	366	369	372	375	378	381	3	
	57	381	384	387	390	393	397	400	2	
	58	400	403	406	409	412	415	418	1	
	59	418	421	424	427	430	433	436	0	86
		60″	50″	40″	30″	20″	10″	0″	Mi.	Grad

86° 30′ bis 86°

Logarithmen der Kosinuswerte

Logarithmen der Tangenswerte

3° 30′ bis 4°

Grad	Mi.	0″	10″	20″	30″	40″	50″	60″		
3	30	8,7865	868	872	875	879	882	886	29	
	31	886	889	892	896	899	903	906	28	
	32	906	910	913	916	920	923	927	27	
	33	927	930	933	937	940	944	947	26	
	34	947	950	954	957	961	964	967	25	
	35	967	971	974	977	981	984	988	24	
	36	988	991	994	998	*001	*004	*008	23	
	37	8,8008	011	014	018	021	024	028	22	
	38	028	031	034	038	041	044	048	21	
	39	048	051	054	058	061	064	067	20	
	40	067	071	074	077	081	084	087	19	
	41	087	090	094	097	100	104	107	18	
	42	107	110	113	117	120	123	126	17	
	43	126	130	133	136	139	143	146	16	
	44	146	149	152	156	159	162	165	15	
	45	165	169	172	175	178	181	185	14	
	46	185	188	191	194	197	201	204	13	
	47	204	207	210	213	217	220	223	12	
	48	223	226	229	233	236	239	242	11	
	49	242	245	248	252	255	258	261	10	
	50	261	264	267	270	274	277	280	9	
	51	280	283	286	289	292	296	299	8	
	52	299	302	305	308	311	314	317	7	
	53	317	321	324	327	330	333	336	6	
	54	336	339	342	345	349	352	355	5	
	55	355	358	361	364	367	370	373	4	
	56	373	376	379	382	386	389	392	3	
	57	392	395	398	401	404	407	410	2	
	58	410	413	416	419	422	425	428	1	
	59	428	431	434	437	440	443	446	0	86
		60″	50″	40″	30″	20″	10″	0″	Mi.	Grad

86° 30′ bis 86°

Logarithmen der Kotangenswerte

II

Logarithmen der Sinuswerte

4° bis 4° 30′

Grad	Mi.	0″	10″	20″	30″	40″	50″	60″		
4	0	8,8436	439	442	445	448	451	454	59	
	1	454	457	460	463	466	469	472	58	
	2	472	475	478	481	484	487	490	57	
	3	490	493	496	499	502	505	508	56	
	4	508	510	513	516	519	522	525	55	
	5	525	528	531	534	537	540	543	54	
	6	543	546	549	552	555	558	560	53	
	7	560	563	566	569	572	575	578	52	
	8	578	581	584	587	590	593	595	51	
	9	595	598	601	604	607	610	613	50	
	10	613	616	619	621	624	627	630	49	
	11	630	633	636	639	642	645	647	48	
	12	647	650	653	656	659	662	665	47	
	13	665	667	670	673	676	679	682	46	
	14	682	684	687	690	693	696	699	45	
	15	699	702	704	707	710	713	716	44	
	16	716	718	721	724	727	730	733	43	
	17	733	735	738	741	744	747	749	42	
	18	749	752	755	758	761	763	766	41	
	19	766	769	772	775	777	780	783	40	
	20	783	786	788	791	794	797	799	39	
	21	799	802	805	808	811	813	816	38	
	22	816	819	822	824	827	830	833	37	
	23	833	835	838	841	844	846	849	36	
	24	849	852	855	857	860	863	865	35	
	25	865	868	871	874	876	879	882	34	
	26	882	884	887	890	893	895	898	33	
	27	898	901	903	906	909	912	914	32	
	28	914	917	920	922	925	928	930	31	
	29	930	933	936	938	941	944	946	30	85
		60″	50″	40″	30″	20″	10″	0″	Mi.	Grad

86° bis 85° 30′

Logarithmen der Kosinuswerte

Logarithmen der Tangenswerte

4° bis 4° 30′

Grad	Mi.	0″	10″	20″	30″	40″	50″	60″		
4	0	8,8446	449	452	456	459	462	465	59	
	1	465	468	471	474	477	480	483	58	
	2	483	486	489	492	495	498	501	57	
	3	501	504	507	510	513	515	518	56	
	4	518	521	524	527	530	533	536	55	
	5	536	539	542	545	548	551	554	54	
	6	554	557	560	563	566	569	572	53	
	7	572	575	578	581	583	586	589	52	
	8	589	592	595	598	601	604	607	51	
	9	607	610	613	616	619	621	624	50	
	10	624	627	630	633	636	639	642	49	
	11	642	645	648	650	653	656	659	48	
	12	659	662	665	668	671	673	676	47	
	13	676	679	682	685	688	691	694	46	
	14	694	696	699	702	705	708	711	45	
	15	711	713	716	719	722	725	728	44	
	16	728	731	733	736	739	742	745	43	
	17	745	748	750	753	756	759	762	42	
	18	762	764	767	770	773	776	778	41	
	19	778	781	784	787	790	792	795	40	
	20	795	798	801	804	806	809	812	39	
	21	812	815	818	820	823	826	829	38	
	22	829	831	834	837	840	843	845	37	
	23	845	848	851	854	856	859	862	36	
	24	862	865	867	870	873	876	878	35	
	25	878	881	884	887	889	892	895	34	
	26	895	897	900	903	906	908	911	33	
	27	911	914	917	919	922	925	927	32	
	28	927	930	933	936	938	941	944	31	
	29	944	946	949	952	954	957	960	30	85
		60″	50″	40″	30″	20″	10″	0″	Mi.	Grad

86° bis 85° 30′

Logarithmen der Kotangenswerte

II

Logarithmen der Sinuswerte

4° 30′ bis 5°

Grad	Mi.	0″	10″	20″	30″	40″	50″	60″		
4	30	8,8946	949	952	954	957	960	962	29	
	31	962	965	968	970	973	976	978	28	
	32	978	981	984	986	989	992	994	27	
	33	994	997	*000	*002	*005	*008	*010	26	
	34	8,9010	013	015	018	021	023	026	25	
	35	026	029	031	034	036	039	042	24	
	36	042	044	047	050	052	055	057	23	
	37	057	060	063	065	068	070	073	22	
	38	073	076	078	081	083	086	089	21	
	39	089	091	094	096	099	101	104	20	
	40	104	107	109	112	114	117	119	19	
	41	119	122	125	127	130	132	135	18	
	42	135	137	140	143	145	148	150	17	
	43	150	153	155	158	160	163	166	16	
	44	166	168	171	173	176	178	181	15	
	45	181	183	186	188	191	193	196	14	
	46	196	198	201	203	206	209	211	13	
	47	211	214	216	219	221	224	226	12	
	48	226	229	231	234	236	239	241	11	
	49	241	244	246	249	251	254	256	10	
	50	256	259	261	264	266	269	271	9	
	51	271	273	276	278	281	283	286	8	
	52	286	288	291	293	296	298	301	7	
	53	301	303	306	308	311	313	315	6	
	54	315	318	320	323	325	328	330	5	
	55	330	333	335	337	340	342	345	4	
	56	345	347	350	352	355	357	359	3	
	57	359	362	364	367	369	372	374	2	
	58	374	376	379	381	384	386	388	1	
	59	388	391	393	396	398	401	403	0	85
		60″	50″	40″	30″	20″	10″	0″	Mi.	Grad

85° 30′ bis 85°

Logarithmen der Kosinuswerte

Logarithmen der Tangenswerte

4° 30′ bis 5°

Grad	Mi.	0″	10″	20″	30″	40″	50″	60″		
4	30	8,8960	963	965	968	971	973	976	29	
	31	976	979	981	984	987	989	992	28	
	32	992	995	997	*000	*003	*005	*008	27	
	33	8,9008	011	013	016	019	021	024	26	
	34	024	027	029	032	035	037	040	25	
	35	040	043	045	048	050	053	056	24	
	36	056	058	061	064	066	069	071	23	
	37	071	074	077	079	082	085	087	22	
	38	087	090	092	095	098	100	103	21	
	39	103	105	108	111	113	116	118	20	
	40	118	121	124	126	129	131	134	19	
	41	134	137	139	142	144	147	150	18	
	42	150	152	155	157	160	162	165	17	
	43	165	168	170	173	175	178	180	16	
	44	180	183	185	188	191	193	196	15	
	45	196	198	201	203	206	208	211	14	
	46	211	213	216	219	221	224	226	13	
	47	226	229	231	234	236	239	241	12	
	48	241	244	246	249	251	254	256	11	
	49	256	259	262	264	267	269	272	10	
	50	272	274	277	279	282	284	287	9	
	51	287	289	292	294	297	299	302	8	
	52	302	304	307	309	312	314	316	7	
	53	316	319	321	324	326	329	331	6	
	54	331	334	336	339	341	344	346	5	
	55	346	349	351	354	356	358	361	4	
	56	361	363	366	368	371	373	376	3	
	57	376	378	381	383	385	388	390	2	
	58	390	393	395	398	400	403	405	1	
	59	405	407	410	412	415	417	420	0	85
		60″	50″	40″	30″	20″	10″	0″	Mi	Grad

85° 30′ bis 85°

Logarithmen der Kotangenswerte

II

Logarithmen der Sinuswerte

5° bis 10°.

G.	M.	0	1	2	3	4	5	6	7	8	9	10	M.	G.
5	0	8,9403	17	32	46	60	75	89	*03	*17	*31	*45	50	
	10	8,9545	59	73	87	*01	*14	*28	*42	*55	*69	*82	40	
	20	8,9682	96										30	
	20	8,97		09	23	36	50	63	76	89	*03	*16	30	
	30	8,9816	29	42	55	68	81	94	*07	*19	*32	*45	20	
	40	8,9945	58	70	83	96	*08	*21	*33	*46	*58	*70	10	
	50	9,0070	83	95	*07	*20	*32	*44	*56	*68	*80	*92	0	84
6	0	9,0192											50	
	0	9,02	04	16	28	40	52	64	76	87	99	*11	50	
	10	9,0311	23	34	46	57	69	80	92	*03	*15	*26	40	
	20	9,0426	38	49	60	72	83	94	*05	*16	*27	*39	30	
	30	9,0539	50	61	72	83	94	*05	*16	*26	*37	*48	20	
	40	9,0648	59	70	80	91	*02	*12	*23	*34	*44	*55	10	
	50	9,0755	65	76	86	97	*07	*18	*28	*38	*49	*59	0	83
7	0	9,0859	69	79	90	*00	*10	*20	*30	*40	*51	*61	50	
	10	9,0961	71	81	91	*01	*11	*20	*30	*40	*50	*60	40	
	20	9,1060	70	80	89	99	*09	*18	*28	*38	*47	*57	30	
	30	9,1157	67	76	86	95	*05	*14	*24	*33	*42	*52	20	
	40	9,1252	61	71	80	89	99	*08	*17	*26	*36	*45	10	
	50	9,1345	54	63	72	81	90	99	*09	*18	*27	*36	0	82
8	0	9.1436	45	53	62	71	80	89	98	*07	*16	*25	50	
	10	9,1525	33	42	51	60	68	77	86	94	*03	*12	40	
	20	9,1612	20	29	37	46	55	63	72	80	89	97	30	
	30	97	*05	*14	*22	*31	*39	*47	*56	*64	*72	*81	20	
	40	9,1781	89	97	*06	*14	*22	*30	*38	*47	*55	*63	10	
	50	9,1863	71	79	87	95	*03	*11	*19	*27	*35	*43	0	81
9	0	9,1943	51	59	67	75	83	91	99	*07	*15	*22	50	
	10	9,2022	30	38	46	54	61	69	77	85	92	*00	40	
	20	9,2100	08	15	23	31	38	46	53	61	69	76	30	
	30	76	84	91	99	*06	*14	*21	*29	*36	*43	*51	20	
	40	9,2251	58	66	73	80	88	95	*03	*10	*17	*24	10	
	50	9,2324	82	39	46	53	61	68	75	82	90	97	0	80
		10	9	8	7	6	5	4	3	2	1	0	M.	G.

85° bis 80°.

Logarithmen der Kosinuswerte

Logarithmen der Tangenswerte

5° bis 10°.

G.	M.	0	1	2	3	4	5	6	7	8	9	10		
5	0	8,9420	34	49	63	77	92	*06	*20	*34	*49	*63	50	
	10	8,9563	77	91									40	
	10	8,96			05	19	33	46	60	74	88	*01	40	
	20	8,9701	15	29	42	56	69	82	96	*09	*23	*36	30	
	30	8,9836	49	62	75	88	*01	*15	*28	*40	*53	*66	20	
	40	8,9966	79	92	*05	*17	*30	*43	*55	*68	*80	*93	10	
	50	9,0093											0	
	50	9,01	05	18	30	43	55	67	80	92	*04	*16	0	84
6	0	9,0216	28	40	53	65	77	89	*00	*12	*24	*36	50	
	10	9,0336	48	60	71	83	95	*07	*18	*30	*41	*53	40	
	20	9,0453	64	76	87	99	*10	*21	*33	*44	*55	*67	30	
	30	9,0567	78	89	*00	*11	*22	*33	*45	*56	*67	*78	20	
	40	9,0678	88	99	*10	*21	*32	*43	*54	*64	*75	*86	10	
	50	9,0786	96	*07	*18	*28	*39	*49	*60	*71	*81	*91	0	83
7	0	9,0891	*02	*12	*23	*33	*43	*54	*64	*74	*84	*95	50	
	10	9,0995	*05	*15	*25	*35	*45	*55	*66	*76	*86	*96	40	
	20	9,1096	*06	*16	*25	*35	*45	*55	*65	*75	*85	*94	30	
	30	9,1194	*04	*14	*23	*33	*43	*52	*62	*72	*81	*91	20	
	40	9,1291	*00	*10	*19	*29	*38	*48	*57	*67	*76	*85	10	
	50	9,1385	95	*04	*13	*23	*32	*41	*50	*60	*69	*78	0	82
8	0	9,1478	87	96	*05	*15	*24	*33	*42	*51	*60	*69	50	
	10	9,1569	78	87	96	*05	*13	*22	*31	*40	*49	*58	40	
	20	9,1658	67	75	84	93	*02	*10	*19	*28	*36	*45	30	
	30	9,1745	54	62	71	79	88	97	*05	*14	*22	*31	20	
	40	9,1831	39	48	56	64	73	81	90	98	*06	*15	10	
	50	9,1915	23	31	40	48	56	64	73	81	89	97	0	81
9	0	97	*05	*13	*22	*30	*38	*46	*54	*62	*70	*78	50	
	10	9,2078	86	94	*02	*10	*18	*26	*34	*42	*50	*58	40	
	20	9,2158	66	74	81	89	97	*05	*13	*21	*28	*36	30	
	30	9,2236	44	52	59	67	75	82	90	98	*05	*13	20	
	40	9,2313	21	28	36	43	51	59	66	74	81	89	10	
	50	89	96	*04	*11	*19	*26	*34	*41	*48	*56	*63	0	80
		10	9	8	7	6	5	4	3	2	1	0	M.	G.

85° bis 80°.

Logarithmen der Kotangenswerte

Logarithmen der Sinuswerte

10° bis 15°.

G.	M.	0	1	2	3	4	5	6	7	8	9	10		
10	0	9,2397	*04	*11	*18	*25	*32	*39	*47	*54	*61	*68	50	
	10	9,2468	75	82	89	96	*03	*10	*17	*24	*31	*38	40	
	20	9,2538	45	51	58	65	72	79	86	93	*00	*06	30	
	30	9,2606	13	20	27	34	40	47	54	61	67	74	20	
	40	74	81	87	94	*01	*07	*14	*21	*27	*34	*40	10	
	50	9,2740	47	54	60	67	73	80	86	93	99	*06	0	79
11	0	9,2806	12	19	25	32	38	45	51	58	64	70	50	
	10	70	77	83	90	96	*02	*09	*15	*21	*28	*34	40	
	20	9,2934	40	47	53	59	65	72	78	84	90	97	30	
	30	97	*03	*09	*15	*21	*27	*34	*40	*46	*52	*58	20	
	40	9,3058	64	70	77	83	89	95	*01	*07	*13	*19	10	
	50	9,3119	25	31	37	43	49	55	61	67	73	79	0	78
12	0	79	85	91	97	*02	*08	*14	*20	*26	*32	*38	50	
	10	9,3238	44	50	55	61	67	73	79	84	90	96	40	
	20	96	*02	*08	*13	*19	*25	*31	*36	*42	*48	*53	30	
	30	9,3353	59	65	70	76	82	87	93	99	*04	*10	20	
	40	9,3410	16	21	27	32	38	44	49	55	60	66	10	
	50	66	71	77	82	88	93	99	*04	*10	*15	*21	0	77
13	0	9,3521	26	32	37	43	48	54	59	64	70	75	50	
	10	75	81	86	91	97	*02	*08	*13	*18	*24	*29	40	
	20	9,3629	34	40	45	50	55	61	66	71	77	82	30	
	30	82	87	92	98	*03	*08	*13	*19	*24	*29	*34	20	
	40	9,3734	39	45	50	55	60	65	70	75	81	86	10	
	50	86	91	96	*01	*06	*11	*16	*22	*27	*32	*37	0	76
14	0	9,3837	42	47	52	57	62	67	72	77	82	87	50	
	10	87	92	97	*02	*07	*12	*17	*22	*27	*32	*37	40	
	20	9,3937	42	47	52	57	61	66	71	76	81	86	30	
	30	86	91	96	*01	*05	*10	*15	*20	*25	*30	*35	20	
	40	9,4035	39	44	49	54	59	63	68	73	78	83	10	
	50	83	87	92	97	*02	*06	*11	*16	*21	*25	*30	0	75
		10	9	8	7	6	5	4	3	2	1	0	M.	G.

80° bis 75°.

Logarithmen der Kosinuswerte

Logarithmen der Tangenswerte
10° bis 15°.

G.	M.	0	1	2	3	4	5	6	7	8	9	10		
10	0	9,2463	71	78	85	93	*00	*07	*15	*22	*29	*36	50	
	10	9,2536	44	51	58	65	73	80	87	94	*01	*09	40	
	20	9,2609	16	23	30	37	44	51	58	66	73	80	30	
	30	80	87	94	*01	*08	*15	*22	*29	*36	*43	*50	20	
	40	9,2750	57	64	70	77	84	91	98	*05	*12	*19	10	
	50	9,2819	25	32	39	46	53	59	66	73	80	87	0	79
11	0	87	93	*00	*07	*13	*20	*27	*33	*40	*47	*53	50	
	10	9,2953	60	67	73	80	87	93	*00	*06	*13	*20	40	
	20	9,3020	26	33	39	46	52	59	65	72	78	85	30	
	30	85	91	98	*04	*10	*17	*23	*30	*36	*42	*49	20	
	40	9,3149	55	62	68	74	81	87	93	*00	*06	*12	10	
	50	9,3212	19	25	31	37	44	50	56	62	69	75	0	78
12	0	75	81	87	93	*00	*06	*12	*18	*24	*30	*36	50	
	10	9,3336	43	49	55	61	67	73	79	85	91	97	40	
	20	97	*03	*09	*16	*22	*28	*34	*40	*46	*52	*58	30	
	30	9,3458	64	69	75	81	87	93	99	*05	*11	*17	20	
	40	9,3517	23	29	35	41	46	52	58	64	70	76	10	
	50	76	81	87	93	99	*05	*11	*16	*22	*28	*34	0	77
13	0	9,3634	39	45	51	57	62	68	74	80	85	91	50	
	10	91	97	*02	*08	*14	*19	*25	*31	*36	*42	*48	40	
	20	9,3748	53	59	64	70	76	81	87	92	98	*04	30	
	30	9,3804	09	15	20	26	31	37	42	48	53	59	20	
	40	59	64	70	75	81	86	92	97	*03	*08	*14	10	
	50	9,3914	19	24	30	35	41	46	52	57	62	68	0	76
14	0	68	73	78	84	89	95	*00	*05	*11	*16	*21	50	
	10	9,4021	27	32	37	42	48	53	58	64	69	74	40	
	20	74	79	85	90	95	*00	*06	*11	*16	*21	*27	30	
	30	9,4127	32	37	42	47	53	58	63	68	73	78	20	
	40	78	84	89	94	99	*04	*09	*14	*20	*25	*30	10	
	50	9,4230	35	40	45	50	55	60	65	70	75	81	0	75
		10	9	8	7	6	5	4	3	2	1	0	M	G.

80° bis 75°.

Logarithmen der Kotangenswerte

II

Logarithmen der Sinuswerte
15° bis 20°.

G.	M.	0	1	2	3	4	5	6	7	8	9	10		
15	0	9,4130	35	39	44	49	53	58	63	68	72	77	50	
	10	77	81	86	91	95	*00	*05	*09	*14	*19	*23	40	
	20	9,4223	28	32	37	42	46	51	55	60	64	69	30	
	30	69	74	78	83	87	92	96	*01	*05	*10	*14	20	
	40	9,4314	19	23	28	32	37	41	46	50	55	59	10	
	50	59	64	68	72	77	81	86	90	95	99	*03	0	74
16	0	9,4403	08	12	17	21	25	30	34	38	43	47	50	
	10	47	52	56	60	65	69	73	78	82	86	91	40	
	20	91	95	99	*03	*08	*12	*16	*21	*25	*29	*33	30	
	30	9,4533	38	42	46	50	55	59	63	67	72	76	20	
	40	76	80	84	88	93	97	*01	*05	*09	*14	*18	10	
	50	9,4618	22	26	30	34	39	43	47	51	55	59	0	73
17	0	59	63	68	72	76	80	84	88	92	96	*00	50	
	10	9,4700	05	09	13	17	21	25	29	33	37	41	40	
	20	41	45	49	53	57	61	65	69	73	77	81	30	
	30	81	85	89	93	97	*01	*05	*09	*13	*17	*21	20	
	40	9,4821	25	29	33	37	41	45	49	53	57	61	10	
	50	61	65	69	73	76	80	84	88	92	96	*00	0	72
18	0	9,4900	04	08	11	15	19	23	27	31	35	39	50	
	10	39	42	46	50	54	58	62	65	69	73	77	40	
	20	77	81	84	88	92	96	*00	*03	*07	*11	*15	30	
	30	9,5015	19	22	26	30	34	37	41	45	49	52	20	
	40	52	56	60	64	67	71	75	78	82	86	90	10	
	50	90	93	97	*01	*04	*08	*12	*15	*19	*23	*26	0	71
19	0	9,5126	30	34	37	41	45	48	52	56	59	63	50	
	10	63	67	70	74	77	81	85	88	92	96	99	40	
	20	99	*03	*06	*10	*13	*17	*21	*24	*28	*31	*35	30	
	30	9,5235	39	42	46	49	53	56	60	63	67	70	20	
	40	70	74	78	81	85	88	92	95	99	*02	*06	10	
	50	9,5306	09	13	16	20	23	27	30	34	37	41	0	70
		10	9	8	7	6	5	4	3	2	1	0	M.	G.

75° bis 70°.

Logarithmen der Kosinuswerte

Logarithmen der Tangenswerte
.15° bis 20°.

G.	M.	0	1	2	3	4	5	6	7	8	9	10		
15	0	9,4281	86	91	96	*01	*06	*11	*16	*21	*26	*31	50	
	10	9,4331	36	41	46	51	56	61	66	71	76	81	40	
	20	81	86	90	95	*00	*05	*10	*15	*20	*25	*30	30	
	30	9,4430	35	40	45	49	54	59	64	69	74	79	20	
	40	79	84	88	93	98	*03	*08	*13	*17	*22	*27	10	
	50	9,4527	32	37	41	46	51	56	61	65	70	75	0	74
16	0	75	80	84	89	94	99	*03	*08	*13	*18	*22	50	
	10	9,4622	27	32	37	41	46	51	55	60	65	69	40	
	20	69	74	79	83	88	93	97	*02	*07	*11	*16	30	
	30	9,4716	21	25	30	35	39	44	48	53	58	62	20	
	40	62	67	71	76	81	85	90	94	99	*03	*08	10	
	50	9,4808	13	17	22	26	31	35	40	44	49	53	0	73
17	0	53	58	62	67	71	76	80	85	89	94	98	50	
	10	98	*03	*07	*12	*16	*21	*25	*30	*34	*39	*43	40	
	20	9,4943	47	52	56	61	65	70	74	78	83	87	30	
	30	87	92	96	*00	*05	*09	*14	*18	*22	*27	*31	20	
	40	9,5031	35	40	44	49	53	57	62	66	70	75	10	
	50	75	79	83	88	92	96	*01	*05	*09	*13	*18	0	72
18	0	9,5118	22	26	31	35	39	43	48	52	56	61	50	
	10	61	65	69	73	78	82	86	90	95	99	*03	40	
	20	9,5203	07	12	16	20	24	28	33	37	41	45	30	
	30	45	49	54	58	62	66	70	75	79	83	87	20	
	40	87	91	95	*00	*04	*08	*12	*16	*20	*24	*29	10	
	50	9,5329	33	37	41	45	49	53	57	62	66	70	0	71
19	0	70	74	78	82	86	90	94	98	*02	*07	*11	50	
	10	9,5411	15	19	23	27	31	35	39	43	47	51	40	
	20	51	55	59	63	67	71	75	79	83	87	91	30	
	30	91	95	*00	*04	*08	*12	*16	*20	*24	*28	*31	20	
	40	9,5531	35	39	43	47	51	55	59	63	67	71	10	
	50	71	75	79	83	87	91	95	99	*03	*07	*11	0	70
		10	9	8	7	6	5	4	3	2	1	0	M.	G.

75° bis 70°.

Logarithmen der Kotangenswerte

Logarithmen der Sinuswerte

20° bis 25°.

G.	M.	0	1	2	3	4	5	6	7	8	9	10	M.	G.
20	0	9,5341	44	47	51	54	58	61	65	68	72	75	50	
	10	75	79	82	85	89	92	96	99	*02	*06	*09	40	
	20	9,5409	13	16	20	23	26	30	33	36	40	43	30	
	30	43	47	50	53	57	60	63	67	70	74	77	20	
	40	77	80	84	87	90	94	97	*00	*04	*07	*10	10	
	50	9,5510	14	17	20	23	27	30	33	37	40	43	0	69
21	0	43	47	50	53	56	60	63	66	70	73	76	50	
	10	76	79	83	86	89	92	96	99	*02	*05	*09	40	
	20	9,5609	12	15	18	21	25	28	31	34	38	41	30	
	30	41	44	47	50	54	57	60	63	66	70	73	20	
	40	73	76	79	82	85	89	92	95	98	*01	*04	10	
	50	9,5704	08	11	14	17	20	23	26	29	33	36	0	68
22	0	36	39	42	45	48	51	54	58	61	64	67	50	
	10	67	70	73	76	79	82	85	89	92	95	98	40	
	20	98	*01	*04	*07	*10	*13	*16	*19	*22	*25	*28	30	
	30	9,5828	31	34	38	41	44	47	50	53	56	59	20	
	40	59	62	65	68	71	74	77	80	83	86	89	10	
	50	89	92	95	98	*01	*04	*07	*10	*13	*16	*19	0	67
23	0	9,5919	22	25	28	31	34	37	40	43	45	48	50	
	10	48	51	54	57	60	63	66	69	72	75	78	40	
	20	78	81	84	87	90	92	95	98	*01	*04	*07	30	
	30	9,6007	10	13	16	19	21	24	27	30	33	36	20	
	40	36	39	42	45	47	50	53	56	59	62	65	10	
	50	65	68	70	73	76	79	82	85	87	90	93	0	66
24	0	93	96	99	*02	*04	*07	*10	*13	*16	*19	*21	50	
	10	9,6121	24	27	30	33	35	38	41	44	47	49	40	
	20	49	52	55	58	61	63	66	69	72	74	77	30	
	30	77	80	83	86	88	91	94	97	99	*02	*05	20	
	40	9,6205	08	10	13	16	19	21	24	27	30	32	10	
	50	32	35	38	40	43	46	49	51	54	57	59	0	65
		10	9	8	7	6	5	4	3	2	1	0	M.	G.

70° bis 65°.

Logarithmen der Kosinuswerte

Logarithmen der Tangenswerte
20° bis 25°.

G.	M.	0	1	2	3	4	5	6	7	8	9	10		
20	0	9,5611	15	19	22	26	30	34	38	42	46	50	50	
	10	50	54	58	62	65	69	73	77	81	85	89	40	
	20	89	93	96	*00	*04	*08	*12	*16	*20	*24	*27	30	
	30	9,5727	31	35	39	43	47	50	54	58	62	66	20	
	40	66	70	73	77	81	85	89	92	96	*00	*04	10	
	50	9,5804	08	11	15	19	23	27	30	34	38	42	0	69
21	0	42	46	49	53	57	61	64	68	72	76	79	50	
	10	79	83	87	91	94	98	*02	*06	*09	*13	*17	40	
	20	9,5917	21	24	28	32	35	39	43	47	50	54	30	
	30	54	58	61	65	69	72	76	80	84	87	91	20	
	40	91	95	98	*02	*06	*09	*13	*17	*20	*24	*28	10	
	50	9,6028	31	35	39	42	46	50	53	57	60	64	0	68
22	0	64	68	71	75	79	82	86	90	93	97	*00	50	
	10	9,6100	04	08	11	15	18	22	26	29	33	36	40	
	20	36	40	44	47	51	54	58	62	65	69	72	30	
	30	72	76	79	83	87	90	94	97	*01	*04	*08	20	
	40	9,6208	11	15	19	22	26	29	33	36	40	43	10	
	50	43	47	50	54	57	61	64	68	71	75	79	0	67
23	0	79	82	86	89	93	96	*00	*03	*07	*10	*14	50	
	10	9,6314	17	21	24	28	31	34	38	41	45	48	40	
	20	48	52	55	59	62	66	69	73	76	80	83	30	
	30	83	86	90	93	97	*00	*04	*07	*11	*14	*17	20	
	40	9,6417	21	24	28	31	35	38	41	45	48	52	10	
	50	52	55	59	62	65	69	72	76	79	82	86	0	66
24	0	86	89	93	96	99	*03	*06	*10	*13	*16	*20	50	
	10	9,6520	23	27	30	33	37	40	43	47	50	53	40	
	20	53	57	60	64	67	70	74	77	80	84	87	30	
	30	87	90	94	97	*00	*04	*07	*10	*14	*17	*20	20	
	40	9,6620	24	27	30	34	37	40	44	47	50	54	10	
	50	54	57	60	64	67	70	74	77	80	83	87	0	65
		10	9	8	7	6	5	4	3	2	1	0	M.	G.

70° bis 65°

Logarithmen der Kotangenswerte

II

Logarithmen der Sinuswerte

25° bis 30°.

G.	M.	0	1	2	3	4	5	6	7	8	9	10		
25	0	9,6259	62	65	68	70	73	76	78	81	84	86	50	
	10	86	89	92	95	97	*00	*03	*05	*08	*11	*13	40	
	20	9,6313	16	19	21	24	27	29	32	35	37	40	30	
	30	40	42	45	48	50	53	56	58	61	64	66	20	
	40	66	69	71	74	77	79	82	85	87	90	92	10	
	50	92	95	98	*00	*03	*05	*08	*11	*13	*16	*18	0	64
26	0	9,6418	21	24	26	29	31	34	37	39	42	44	50	
	10	44	47	49	52	54	57	60	62	65	67	70	40	
	20	70	72	75	77	80	83	85	88	90	93	95	30	
	30	95	98	*00	*03	*05	*08	*10	*13	*15	*18	*21	20	
	40	9,6521	23	26	28	31	33	36	38	41	43	46	10	
	50	46	48	51	53	56	58	61	63	66	68	70	0	63
27	0	70	73	75	78	80	83	85	88	90	93	95	50	
	10	95	98	*00	*03	*05	*07	*10	*12	*15	*17	*20	40	
	20	9,6620	22	25	27	29	32	34	37	39	42	44	30	
	30	44	46	49	51	54	56	59	61	63	66	68	20	
	40	68	71	73	75	78	80	83	85	87	90	92	10	
	50	92	95	97	99	*02	*04	*07	*09	*11	*14	*16	0	62
28	0	9,6716	18	21	23	26	28	30	33	35	37	40	50	
	10	40	42	44	47	49	52	54	56	59	61	63	40	
	20	63	66	68	70	73	75	77	80	82	84	87	30	
	30	87	89	91	94	96	98	*01	*03	*05	*08	*10	20	
	40	9,6810	12	14	17	19	21	24	26	28	31	33	10	
	50	33	35	37	40	42	44	47	49	51	53	56	0	61
29	0	56	58	60	63	65	67	69	72	74	76	78	50	
	10	78	81	83	85	87	90	92	94	96	99	*01	40	
	20	9,6901	03	05	08	10	12	14	17	19	21	23	30	
	30	23	26	28	30	32	35	37	39	41	43	46	20	
	40	46	48	50	52	55	57	59	61	63	66	68	10	
	50	68	70	72	74	77	79	81	83	85	88	90	0	60
		10	9	8	7	6	5	4	3	2	1	0	M.	G.

65° bis 60°.

Logarithmen der Kosinuswerte

Logarithmen der Tangenswerte
25° bis 30°.

G.	M.	0	1	2	3	4	5	6	7	8	9	10		
25	0	9,6687	90	93	97	*00	*03	*06	*10	*13	*16	*20	50	
	10	9,6720	23	26	29	33	36	39	43	46	49	52	40	
	20	52	56	59	62	65	69	72	75	78	82	85	30	
	30	85	88	91	95	98	*01	*04	*08	*11	*14	*17	20	
	40	9,6817	21	24	27	30	34	37	40	43	46	50	10	
	50	50	53	56	59	63	66	69	72	75	79	82	0	64
26	0	82	85	88	91	95	98	*01	*04	*07	*11	*14	50	
	10	9,6914	17	20	23	27	30	33	36	39	42	46	40	
	20	46	49	52	55	58	62	65	68	71	74	77	30	
	30	77	81	84	87	90	93	96	99	*03	*06	*09	20	
	40	9,7009	12	15	18	22	25	28	31	34	37	40	10	
	50	40	43	47	50	53	56	59	62	65	69	72	0	63
27	0	72	75	78	81	84	87	90	93	97	*00	*03	50	
	10	9,7103	06	09	12	15	18	21	25	28	31	34	40	
	20	34	37	40	43	46	49	52	56	59	62	65	30	
	30	65	68	71	74	77	80	83	86	89	92	96	20	
	40	96	99	*02	*05	*08	*11	*14	*17	*20	*23	*26	10	
	50	9,7226	29	32	35	38	41	45	48	51	54	57	0	62
28	0	57	60	63	66	69	72	75	78	81	84	87	50	
	10	87	90	93	96	99	*02	*05	*08	*11	*14	*17	40	
	20	9,7317	20	24	27	30	33	36	39	42	45	48	30	
	30	48	51	54	57	60	63	66	69	72	75	78	20	
	40	78	81	84	87	90	93	96	99	*02	*05	*08	10	
	50	9,7408	11	14	17	20	23	26	29	32	35	38	0	61
29	0	38	40	43	46	49	52	55	58	61	64	67	50	
	10	67	70	73	76	79	82	85	88	91	94	97	40	
	20	97	*00	*03	*06	*09	*12	*15	*18	*21	*23	*26	30	
	30	9,7526	29	32	35	38	41	44	47	50	53	56	20	
	40	56	59	62	65	68	71	73	76	79	82	85	10	
	50	85	88	91	94	97	*00	*03	*06	*09	*11	*14	0	60
		10	9	8	7	6	5	4	3	2	1	0	M.	G.

65° bis 60°.

Logarithmen der Kotangenswerte

Logarithmen der Sinuswerte
30° bis 35°.

G	M.	0	1	2	3	4	5	6	7	8	9	10	M.	G.
30	0	9,6990	92	94	96	98	*01	*03	*05	*07	*09	*12	50	
	10	9,7012	14	16	18	20	22	25	27	29	31	33	40	
	20	33	35	37	40	42	44	46	48	50	53	55	30	
	30	55	57	59	61	63	65	68	70	72	74	76	20	
	40	76	78	80	82	85	87	89	91	93	95	97	10	
	50	97	99	*02	*04	*06	*08	*10	*12	*14	*16	*18	0	59
31	0	9,7118	20	23	25	27	29	31	33	35	37	39	50	
	10	39	41	44	46	48	50	52	54	56	58	60	40	
	20	60	62	64	66	68	71	73	75	77	79	81	30	
	30	81	83	85	87	89	91	93	95	97	99	*01	20	
	40	9,7201	03	05	08	10	12	14	16	18	20	22	10	
	50	22	24	26	28	30	32	34	36	38	40	42	0	58
32	0	42	44	46	48	50	52	54	56	58	60	62	50	
	10	62	64	66	68	70	72	74	76	78	80	82	40	
	20	82	84	86	88	90	92	94	96	98	*00	*02	30	
	30	9,7302	04	06	08	10	12	14	16	18	20	22	20	
	40	22	24	26	28	30	32	34	36	38	40	42	10	
	50	42	44	45	47	49	51	53	55	57	59	61	0	57
33	0	61	63	65	67	69	71	73	75	77	79	80	50	
	10	80	82	84	86	88	90	92	94	96	98	*00	40	
	20	9,7400	02	04	06	07	09	11	13	15	17	19	30	
	30	19	21	23	25	27	28	30	32	34	36	38	20	
	40	38	40	42	44	45	47	49	51	53	55	57	10	
	50	57	59	61	62	64	66	68	70	72	74	76	0	56
34	0	76	77	79	81	83	85	87	89	91	92	94	50	
	10	94	96	98	*00	*02	*04	*05	*07	*09	*11	*13	40	
	20	9,7513	15	17	18	20	22	24	26	28	29	31	30	
	30	31	33	35	37	39	40	42	44	46	48	50	20	
	40	50	51	53	55	57	59	61	62	64	66	68	10	
	50	68	70	71	73	75	77	79	80	82	84	86	0	55
		10	9	8	7	6	5	4	3	2	1	0	M.	G.

60° bis 55°.

Logarithmen der Kosinuswerte

Logarithmen der Tangenswerte
30° bis 35°.

G.	M.	0	1	2	3	4	5	6	7	8	9	10		
30	0	9,7614	17	20	23	26	29	32	35	38	41	44	50	
	10	44	46	49	52	55	58	61	64	67	70	73	40	
	20	73	75	78	81	84	87	90	93	96	99	*01	30	
	30	9,7701	04	07	10	13	16	19	22	25	27	30	20	
	40	30	33	36	39	42	45	48	50	53	56	59	10	
	50	59	62	65	68	71	73	76	79	82	85	88	0	59
31	0	88	91	93	96	99	*02	*05	*08	*11	*13	*16	50	
	10	9,7816	19	22	25	28	31	33	36	39	42	45	40	
	20	45	48	50	53	56	59	62	65	68	70	73	30	
	30	73	76	79	82	85	87	90	93	96	99	*02	20	
	40	9 7902	04	07	10	13	16	18	21	24	27	30	10	
	50	30	33	35	38	41	44	47	49	52	55	58	0	58
32	0	58	61	64	66	69	72	75	78	80	83	86	50	
	10	86	89	92	94	97	*00	*03	*06	*08	*11	*14	40	
	20	9,8014	17	20	22	25	28	31	34	36	39	42	30	
	30	42	45	47	50	53	56	59	61	64	67	70	20	
	40	70	72	75	78	81	84	86	89	92	95	97	10	
	50	97	*00	*03	*06	*09	*11	*14	*17	*20	*22	*25	0	57
33	0	9,8125	28	31	33	36	39	42	45	47	50	53	50	
	10	53	56	58	61	64	67	69	72	75	78	80	40	
	20	80	83	86	89	91	94	97	*00	*02	*05	*08	30	
	30	9,8208	11	13	16	19	22	24	27	30	33	35	20	
	40	35	38	41	43	46	49	52	54	57	60	63	10	
	50	63	65	68	71	74	76	79	82	84	87	90	0	56
34	0	90	93	95	98	*01	*03	*06	*09	*12	*14	*17	50	
	10	9,8317	20	23	25	28	31	33	36	39	42	44	40	
	20	44	47	50	52	55	58	61	63	66	69	71	30	
	30	71	74	77	79	82	85	88	90	93	96	98	20	
	40	98	*01	*04	*06	*09	*12	*15	*17	*20	*23	*25	10	
	50	9,8425	28	31	33	36	39	42	44	47	50	52	0	55
		10	9	8	7	6	5	4	3	2	1	0	M.	G.

60° bis 65°.

Logarithmen der Kotangenswerte

II

Logarithmen der Sinuswerte

35° bis 40°.

G.	M.	0	1	2	3	4	5	6	7	8	9	10		
35	0	9,7586	88	90	91	93	95	97	99	*00	*02	*04	50	
	10	9,7604	06	07	09	11	13	15	16	18	20	22	40	
	20	22	24	25	27	29	31	32	34	36	38	40	30	
	30	40	41	43	45	47	48	50	52	54	55	57	20	
	40	57	59	61	62	64	66	68	69	71	73	75	10	
	50	75	76	78	80	82	83	85	87	89	90	92	0	54
36	0	92	94	96	97	99	*01	*03	*04	*06	*08	*10	50	
	10	9,7710	11	13	15	16	18	20	22	23	25	27	40	
	20	27	28	30	32	34	35	37	39	40	42	44	30	
	30	44	46	47	49	51	52	54	56	58	59	61	20	
	40	61	63	64	66	68	69	71	73	74	76	78	10	
	50	78	80	81	83	85	86	88	90	91	93	95	0	53
37	0	95	96	98	*00	*01	*03	*05	*06	*08	*10	*11	50	
	10	9,7811	13	15	16	18	20	21	23	25	26	28	40	
	20	28	30	31	33	35	36	38	40	41	43	44	30	
	30	44	46	48	49	51	53	54	56	58	59	61	20	
	40	61	63	64	66	67	69	71	72	74	76	77	10	
	50	77	79	80	82	84	85	87	89	90	92	93	0	52
38	0	93	95	97	98	*00	*01	*03	*05	*06	*08	*10	50	
	10	9,7910	11	13	14	16	18	19	21	22	24	26	40	
	20	26	27	29	30	32	34	35	37	38	40	41	30	
	30	41	43	45	46	48	49	51	53	54	56	57	20	
	40	57	59	60	62	64	65	67	68	70	72	73	10	
	50	73	75	76	78	79	81	82	84	86	87	89	0	51
39	0	89	90	92	93	95	97	98	*00	*01	*03	*04	50	
	10	9,8004	06	07	09	10	12	14	15	17	18	20	40	
	20	20	21	23	24	26	27	29	31	32	34	35	30	
	30	35	37	38	40	41	43	44	46	47	49	50	20	
	40	50	52	53	55	56	58	60	61	63	64	66	10	
	50	66	67	69	70	72	73	75	76	78	79	81	0	50
		10	9	8	7	6	5	4	3	2	1	0	M.	G.

55° bis 50°.

Logarithmen der Kosinuswerte

Logarithmen der Tangenswerte
35° bis 40°.

G.	M.	0	1	2	3	4	5	6	7	8	9	10		
35	0	9,8452	55	58	60	63	66	68	71	74	76	79	50	
	10	79	82	84	87	90	93	95	98	*01	*03	*06	40	
	20	9,8506	09	11	14	17	19	22	25	27	30	33	30	
	30	33	35	38	41	43	46	49	51	54	57	59	20	
	40	59	62	65	67	70	73	75	78	81	83	86	10	
	50	86	89	91	94	97	99	*02	*05	*07	*10	*13	0	54
36	0	9,8613	15	18	21	23	26	29	31	34	37	39	50	
	10	39	42	44	47	50	52	55	58	60	63	66	40	
	20	66	68	71	74	76	79	82	84	87	89	92	30	
	30	92	95	97	*00	*03	*05	*08	*11	*13	*16	*18	20	
	40	9,8718	21	24	26	29	32	34	37	40	42	45	10	
	50	45	47	50	53	55	58	61	63	66	69	71	0	53
37	0	71	74	76	79	82	84	87	90	92	95	97	50	
	10	97	*00	*03	*05	*08	*11	*13	*16	*18	*21	*24	40	
	20	9,8824	26	29	31	34	37	39	42	45	47	50	30	
	30	50	52	55	58	60	63	65	68	71	73	76	20	
	40	76	79	81	84	86	89	92	94	97	99	*02	10	
	50	9,8902	05	07	10	12	15	18	20	23	25	28	0	52
38	0	28	31	33	36	39	41	44	46	49	52	54	50	
	10	54	57	59	62	65	67	70	72	75	78	80	40	
	20	80	83	85	88	90	93	96	98	*01	*03	*06	30	
	30	9,9006	09	11	14	16	19	22	24	27	29	32	20	
	40	32	35	37	40	42	45	47	50	53	55	58	10	
	50	58	60	63	66	68	71	73	76	79	81	84	0	51
39	0	84	86	89	91	94	97	99	*02	*04	*07	*10	50	
	10	9,9110	12	15	17	20	22	25	28	30	33	35	40	
	20	35	38	40	43	46	48	51	53	56	58	61	30	
	30	61	64	66	69	71	74	76	79	82	84	87	20	
	40	87	89	92	94	97	*00	*02	*05	*07	*10	*12	10	
	50	9,9212	15	18	20	23	25	28	30	33	36	38	0	50
		10	9	8	7	6	5	4	3	2	1	0	M.	G.

55° bis 50°.

Logarithmen der Kotangenswerte

II

Logarithmen der Sinuswerte

40° bis 45°.

G.	M.	0	1	2	3	4	5	6	7	8	9	10		
40	0	9,8081	82	84	85	87	88	90	91	93	94	96	50	
	10	96	97	99	*00	*02	*03	*05	*06	*08	*09	*11	40	
	20	9,8111	12	14	15	17	18	20	21	22	24	25	30	
	30	25	27	28	30	31	33	34	36	37	39	40	20	
	40	40	42	43	45	46	48	49	50	52	53	55	10	
	50	55	56	58	59	61	62	64	65	67	68	69	0	49
41	0	69	71	72	74	75	77	78	80	81	82	84	50	
	10	84	85	87	88	90	91	93	94	95	97	98	40	
	20	98	*00	*01	*03	*04	*05	*07	*08	*10	*11	*13	30	
	30	9,8213	14	15	17	18	20	21	23	24	25	27	20	
	40	27	28	30	31	33	34	35	37	38	40	41	10	
	50	41	42	44	45	47	48	49	51	52	54	55	0	48
42	0	55	57	58	59	61	62	64	65	66	68	69	50	
	10	69	70	72	73	75	76	77	79	80	82	83	40	
	20	83	84	86	87	89	90	91	93	94	95	97	30	
	30	97	98	*00	*01	*02	*04	*05	*06	*08	*09	*11	20	
	40	9,8311	12	13	15	16	17	19	20	22	23	24	10	
	50	24	26	27	28	30	31	32	34	35	36	38	0	47
43	0	38	39	41	42	43	45	46	47	49	50	51	50	
	10	51	53	54	55	57	58	59	61	62	63	65	40	
	20	65	66	67	69	70	71	73	74	75	77	78	30	
	30	78	79	81	82	83	85	86	87	89	90	91	20	
	40	91	93	94	95	97	98	99	*01	*02	*03	*05	10	
	50	9,8405	06	07	09	10	11	12	14	15	16	18	0	46
44	0	18	19	20	22	23	24	26	27	28	29	31	50	
	10	31	32	33	35	36	37	39	40	41	42	44	40	
	20	44	45	46	48	49	50	51	53	54	55	57	30	
	30	57	58	59	60	62	63	64	66	67	68	69	20	
	40	69	71	72	73	75	76	77	78	80	81	82	10	
	50	82	83	85	86	87	89	90	91	92	94	95	0	45
		10	9	8	7	6	5	4	3	2	1	0	M.	G.

50° bis 45°.

Logarithmen der Kosinuswerte

Logarithmen der Tangenswerte

40° bis 45°.

G.	M.	0	1	2	3	4	5	6	7	8	9	10		
40	0	9,9238	41	43	46	48	51	54	56	59	61	64	50	
	10	64	66	69	71	74	77	79	82	84	87	89	40	
	20	89	92	95	97	*00	*02	*05	*07	*10	*12	*15	30	
	30	9,9315	18	20	23	25	28	30	33	35	38	41	20	
	40	41	43	46	48	51	53	56	58	61	64	66	10	
	50	66	69	71	74	76	79	81	84	87	89	92	0	49
41	0	92	94	97	99	*02	*04	*07	*09	*12	*15	*17	50	
	10	9,9417	20	22	25	27	30	32	35	38	40	43	40	
	20	43	45	48	50	53	55	58	60	63	66	68	30	
	30	68	71	73	76	78	81	83	86	88	91	94	20	
	40	94	96	99	*01	*04	*06	*09	*11	*14	*16	*19	10	
	50	9,9519	22	24	27	29	32	34	37	39	42	44	0	48
42	0	44	47	49	52	55	57	60	62	65	67	70	50	
	10	70	72	75	77	80	82	85	88	90	93	95	40	
	20	95	98	*00	*03	*05	*08	*10	*13	*15	*18	*21	30	
	30	9,9621	23	26	28	31	33	36	38	41	43	46	20	
	40	46	48	51	53	56	59	61	64	66	69	71	10	
	50	71	74	76	79	81	84	86	89	91	94	97	0	47
43	0	97	99	*02	*04	*07	*09	*12	*14	*17	*19	*22	50	
	10	9,9722	24	27	29	32	35	37	40	42	45	47	40	
	20	47	50	52	55	57	60	62	65	67	70	73	30	
	30	73	75	78	80	83	85	88	90	93	95	98	20	
	40	98	*00	*03	*05	*08	*10	*13	*16	*18	*21	*23	10	
	50	9,9823	26	28	31	33	36	38	41	43	46	48	0	46
44	0	48	51	53	56	58	61	64	66	69	71	74	50	
	10	74	76	79	81	84	86	89	91	94	96	99	40	
	20	99	*01	*04	*07	*09	*12	*14	*17	*19	*22	*24	30	
	30	9,9924	27	29	32	34	37	39	42	44	47	49	20	
	40	49	52	55	57	60	62	65	67	70	72	75	10	
	50	75	77	80	82	85	87	90	92	95	97	*00	0	45
		10	9	8	7	6	5	4	3	2	1	0	M.	G.

50° bis 45°.

Logarithmen der Kotangenswerte

II

Logarithmen der Sinuswerte

45° bis 50°.

G.	M.	0	1	2	3	4	5	6	7	8	9	10		
45	0	9,8495	96	97	99	*00	*01	*02	*04	*05	*06	*07	50	
	10	9,8507	09	10	11	12	14	15	16	17	19	20	40	
	20	20	21	22	24	25	26	27	29	30	31	32	30	
	30	32	34	35	36	37	39	40	41	42	44	45	20	
	40	45	46	47	48	50	51	52	53	55	56	57	10	
	50	57	58	60	61	62	63	64	66	67	68	69	0	44
46	0	69	71	72	73	74	75	77	78	79	80	82	50	
	10	82	83	84	85	86	88	89	90	91	92	94	40	
	20	94	95	96	97	98	*00	*01	*02	*03	*04	*06	30	
	30	9,8606	07	08	09	10	12	13	14	15	16	18	20	
	40	18	19	20	21	22	24	25	26	27	28	29	10	
	50	29	31	32	33	34	35	37	38	39	40	41	0	43
47	0	41	42	44	45	46	47	48	50	51	52	53	50	
	10	53	54	55	57	58	59	60	61	62	64	65	40	
	20	65	66	67	68	69	71	72	73	74	75	76	30	
	30	76	77	79	80	81	82	83	84	86	87	88	20	
	40	88	89	90	91	92	94	95	96	97	98	99	10	
	50	99	*00	*02	*03	*04	*05	*06	*07	*08	*10	*11	0	42
48	0	9,8711	12	13	14	15	16	18	19	20	21	22	50	
	10	22	23	24	25	27	28	29	30	31	32	33	40	
	20	33	34	36	37	38	39	40	41	42	43	45	30	
	30	45	46	47	48	49	50	51	52	53	55	56	20	
	40	56	57	58	59	60	61	62	63	65	66	67	10	
	50	67	68	69	70	71	72	73	75	76	77	78	0	41
49	0	78	79	80	81	82	83	84	85	87	88	89	50	
	10	89	90	91	92	93	94	95	96	97	99	*00	40	
	20	9,8800	01	02	03	04	05	06	07	08	09	10	30	
	30	10	12	13	14	15	16	17	18	19	20	21	20	
	40	21	22	23	24	25	27	28	29	30	31	32	10	
	50	32	33	34	35	36	37	38	39	40	41	43	0	40
		10	9	8	7	6	5	4	3	2	1	0	M.	G.

45° bis 40°

Logarithmen der Kosinuswerte

Logarithmen der Tangenswerte
45° bis 50°.

G.	M.	0	1	2	3	4	5	6	7	8	9	10		
45	0	0,0000	03	05	08	10	13	15	18	20	23	25	50	
	10	25	28	30	33	35	38	40	43	45	48	51	40	
	20	51	53	56	58	61	63	66	68	71	73	76	30	
	30	76	78	81	83	86	88	91	93	96	99	*01	20	
	40	0,0101	04	06	09	11	14	16	19	21	24	26	10	
	50	26	29	31	34	36	39	42	44	47	49	52	0	44
46	0	52	54	57	59	62	64	67	69	72	74	77	50	
	10	77	79	82	84	87	90	92	95	97	*00	*02	40	
	20	0,0202	05	07	10	12	15	17	20	22	25	27	30	
	30	27	30	33	35	38	40	43	45	48	50	53	20	
	40	53	55	58	60	63	65	68	71	73	76	78	10	
	50	78	81	83	86	88	91	93	96	98	*01	*03	0	43
47	0	0,0303	06	09	11	14	16	19	21	24	26	29	50	
	10	29	31	34	36	39	41	44	47	49	52	54	40	
	20	54	57	59	62	64	67	69	72	74	77	79	30	
	30	79	82	85	87	90	92	95	97	*00	*02	*05	20	
	40	0,0405	07	10	12	15	18	20	23	25	28	30	10	
	50	30	33	35	38	40	43	45	48	51	53	56	0	42
48	0	56	58	61	63	66	68	71	73	76	78	81	50	
	10	81	84	86	89	91	94	96	99	*01	*04	*06	40	
	20	0,0506	09	12	14	17	19	22	24	27	29	32	30	
	30	32	34	37	40	42	45	47	50	52	55	57	20	
	40	57	60	62	65	68	70	73	75	78	80	83	10	
	50	83	85	88	91	93	96	98	*01	*03	*06	*08	0	41
49	0	0,0608	11	13	16	19	21	24	26	29	31	34	50	
	10	34	36	39	42	44	47	49	52	54	57	59	40	
	20	59	62	65	67	70	72	75	77	80	82	85	30	
	30	85	88	90	93	95	98	*00	*03	*05	*08	*11	20	
	40	0,0711	13	16	18	21	23	26	29	31	34	36	10	
	50	36	39	41	44	46	49	52	54	57	59	62	0	40
		10	9	8	7	6	5	4	3	2	1	0	M.	G.

45° bis 40°.

Logarithmen der Kotangenswerte

Logarithmen der Sinuswerte

50° bis 55°.

G.	M.	0	1	2	3	4	5	6	7	8	9	10		
50	0	9,8843	44	45	46	47	48	49	50	51	52	53	50	
	10	53	54	55	56	57	58	59	60	62	63	64	40	
	20	64	65	66	67	68	69	70	71	72	73	74	30	
	30	74	75	76	77	78	79	80	81	82	83	84	20	
	40	84	85	87	88	89	90	91	92	93	94	95	10	
	50	95	96	97	98	99	*00	*01	*02	*03	*04	*05	0	39
51	0	9,8905	06	07	08	09	10	11	12	13	14	15	50	
	10	15	16	17	18	19	20	21	22	23	24	25	40	
	20	25	26	27	28	29	30	31	32	33	34	35	30	
	30	35	36	37	38	39	40	41	42	43	44	45	20	
	40	45	46	47	48	49	50	51	52	53	54	55	10	
	50	55	56	57	58	59	60	61	62	63	64	65	0	38
52	0	65	66	67	68	69	70	71	72	73	74	75	50	
	10	75	76	77	78	79	80	81	82	83	84	85	40	
	20	85	86	87	88	89	90	91	92	93	94	95	30	
	30	95	96	97	98	99	*00	*00	*01	*02	*03	*04	20	
	40	9,9004	05	06	07	08	09	10	11	12	13	14	10	
	50	14	15	16	17	18	19	20	21	22	23	23	0	37
53	0	23	24	25	26	27	28	29	30	31	32	33	50	
	10	33	34	35	36	37	38	39	40	41	41	42	40	
	20	42	43	44	45	46	47	48	49	50	51	52	30	
	30	52	53	54	55	56	56	57	58	59	60	61	20	
	40	61	62	63	64	65	66	67	68	69	69	70	10	
	50	70	71	72	73	74	75	76	77	78	79	80	0	36
54	0	80	80	81	82	83	84	85	86	87	88	89	50	
	10	89	90	91	91	92	93	94	95	96	97	98	40	
	20	98	99	*00	*01	*01	*02	*03	*04	*05	*06	*07	30	
	30	9,9107	08	09	10	10	11	12	13	14	15	16	20	
	40	16	17	18	19	19	20	21	22	23	24	25	10	
	50	25	26	27	27	28	29	30	31	32	33	34	0	35
		10	9	8	7	6	5	4	3	2	1	0	M.	G.

40° bis 35°.

Logarithmen der Kosinuswerte

Logarithmen der Tangenswerte
50° bis 55°.

G.	M.	0	1	2	3	4	5	6	7	8	9	10		
50	0	0 0762	64	67	70	72	75	77	80	82	85	88	50	
	10	88	90	93	95	98	*00	*03	*06	*08	*11	*13	40	
	20	0,0813	16	18	21	24	26	29	31	34	36	39	30	
	30	39	42	44	47	49	52	54	57	60	62	65	20	
	40	65	67	70	72	75	78	80	83	85	88	90	10	
	50	90	93	96	98	*01	*03	*06	*09	*11	*14	*16	0	39
51	0	0,0916	19	21	24	27	29	32	34	37	40	42	50	
	10	42	45	47	50	53	55	58	60	63	65	68	40	
	20	68	71	73	76	78	81	84	86	89	91	94	30	
	30	94	97	99	*02	*04	*07	*10	*12	*15	*17	*20	20	
	40	0,1020	22	25	28	30	33	35	38	41	43	46	10	
	50	46	48	51	54	56	59	61	64	67	69	72	0	38
52	0	72	75	77	80	82	85	88	90	93	95	98	50	
	10	98	*01	*03	*06	*08	*11	*14	*16	*19	*21	*24	40	
	20	0,1124	27	29	32	35	37	40	42	45	48	50	30	
	30	50	53	55	58	61	63	66	69	71	74	76	20	
	40	76	79	82	84	87	89	92	95	97	*00	*03	10	
	50	0.1203	05	08	10	13	16	18	21	24	26	29	0	37
53	0	29	31	34	37	39	42	45	47	50	53	55	50	
	10	55	58	60	63	66	68	71	74	76	79	82	40	
	20	82	84	87	89	92	95	97	*00	*03	*05	*08	30	
	30	0,1308	11	13	16	18	21	24	26	29	32	34	20	
	40	34	37	40	42	45	48	50	53	56	58	61	10	
	50	61	63	66	69	71	74	77	79	82	85	87	0	36
54	0	87	90	93	95	98	*01	*03	*06	*09	*11	*14	50	
	10	0,1414	17	19	22	25	27	30	33	35	38	41	40	
	20	41	43	46	49	51	54	57	59	62	65	67	30	
	30	67	70	73	75	78	81	83	86	89	91	94	20	
	40	94	97	99	*02	*05	*07	*10	*13	*16	*18	*21	10	
	50	0.1521	24	26	29	32	34	37	40	42	45	48	0	35
		10	9	8	7	6	5	4	3	2	1	0	M.	G.

40° bis 35°.

Logarithmen der Kotangenswerte

II

Logarithmen der Sinuswerte
55° bis 60°.

G.	M.	0	1	2	3	4	5	6	7	8	9	10		
55	0	9,9134	35	35	36	37	38	39	40	41	42	42	50	
	10	42	43	44	45	46	47	48	49	49	50	51	40	
	20	51	52	53	54	55	56	56	57	58	59	60	30	
	30	60	61	62	63	63	64	65	66	67	68	69	20	
	40	69	69	70	71	72	73	74	75	75	76	77	10	
	50	77	78	79	80	81	81	82	83	84	85	86	0	34
56	0	86	87	87	88	89	90	91	92	93	93	94	50	
	10	94	95	96	97	98	98	99	*00	*01	*02	*03	40	
	20	9,9203	04	04	05	06	07	08	09	09	10	11	30	
	30	11	12	13	14	14	15	16	17	18	19	19	20	
	40	19	20	21	22	23	24	24	25	26	27	28	10	
	50	28	29	29	30	31	32	33	33	34	35	36	0	33
57	0	36	37	38	38	39	40	41	42	42	43	44	50	
	10	44	45	46	47	47	48	49	50	51	51	52	40	
	20	52	53	54	55	55	56	57	58	59	59	60	30	
	30	60	61	62	63	64	64	65	66	67	68	68	20	
	40	68	69	70	71	72	72	73	74	75	75	76	10	
	50	76	77	78	79	79	80	81	82	83	83	84	0	32
58	0	84	85	86	87	87	88	89	90	91	91	92	50	
	10	92	93	94	94	95	96	97	98	98	99	*00	40	
	20	9,9300	01	01	02	03	04	05	05	06	07	08	30	
	30	08	08	09	10	11	12	12	13	14	15	15	20	
	40	15	16	17	18	18	19	20	21	22	22	23	10	
	50	23	24	25	25	26	27	28	28	29	30	31	0	31
59	0	31	31	32	33	34	34	35	36	37	37	38	50	
	10	38	39	40	40	41	42	43	43	44	45	46	40	
	20	46	46	47	48	49	49	50	51	52	52	53	30	
	30	53	54	55	55	56	57	58	58	59	60	61	20	
	40	61	61	62	63	64	64	65	66	67	67	68	10	
	50	68	69	69	70	71	72	72	73	74	75	75	0	30
		10	9	8	7	6	5	4	3	2	1	0	M.	G.

35° bis 30°.

Logarithmen der Kosinuswerte

II

Logarithmen der Tangenswerte
55° bis 60°.

G.	M.	0	1	2	3	4	5	6	7	8	9	10	M.	G.
55	0	0,1548	50	53	56	58	61	64	67	69	72	75	50	
	10	75	77	80	83	85	88	91	94	96	99	*02	40	
	20	0,1602	04	07	10	12	15	18	21	23	26	29	30	
	30	29	31	34	37	39	42	45	48	50	53	56	20	
	40	56	58	61	64	67	69	72	75	77	80	83	10	
	50	83	86	88	91	94	97	99	*02	*05	*07	*10	0	34
56	0	0,1710	13	16	18	21	24	26	29	32	35	37	50	
	10	37	40	43	46	48	51	54	57	59	62	65	40	
	20	65	67	70	73	76	78	81	84	87	89	92	30	
	30	92	95	98	*00	*03	*06	*09	*11	*14	*17	*20	20	
	40	0,1820	22	25	28	31	33	36	39	42	44	47	10	
	50	47	50	53	55	58	61	64	67	69	72	75	0	33
57	0	75	78	80	83	86	89	91	94	97	*00	*03	50	
	10	0,1903	05	08	11	14	16	19	22	25	28	30	40	
	20	30	33	36	39	41	44	47	50	53	55	58	30	
	30	58	61	64	66	69	72	75	78	80	83	86	20	
	40	86	89	92	94	97	*00	*03	*06	*08	*11	*14	10	
	50	0,2014	17	20	22	25	28	31	34	36	39	42	0	32
58	0	42	45	48	51	53	56	59	62	65	67	70	50	
	10	70	73	76	79	82	84	87	90	93	96	98	40	
	20	98	*01	*04	*07	*10	*13	*15	*18	*21	*24	*27	30	
	30	0,2127	30	32	35	38	41	44	47	50	52	55	20	
	40	55	58	61	64	67	69	72	75	78	81	84	10	
	50	84	87	89	92	95	98	*01	*04	*07	*09	*12	0	31
59	0	0,2212	15	18	21	24	27	29	32	35	38	41	50	
	10	41	44	47	50	52	55	58	61	64	67	70	40	
	20	70	73	75	78	81	84	87	90	93	96	99	30	
	30	99	*01	*04	*07	*10	*13	*16	*19	*22	*25	*27	20	
	40	0,2327	30	33	36	39	42	45	48	51	54	56	10	
	50	56	59	62	65	68	71	74	77	80	83	86	0	30
		10	9	8	7	6	5	4	3	2	1	0	M.	G.

35° bis 30°.

Logarithmen der Kotangenswerte

II

Logarithmen der Sinuswerte

60° bis 65°.

G.	M.	0	1	2	3	4	5	6	7	8	9	10	M.	G.
60	0	9,9375	76	77	77	78	79	80	80	81	82	83	50	
	10	83	83	84	85	85	86	87	88	88	89	90	40	
	20	90	91	91	92	93	93	94	95	96	96	97	30	
	30	97	98	98	99	*00	*01	*01	*02	*03	*03	*04	20	
	40	9,9404	05	06	06	07	08	08	09	10	10	11	10	
	50	11	12	13	13	14	15	15	16	17	17	18	0	29
61	0	18	19	20	20	21	22	22	23	24	24	25	50	
	10	25	26	27	27	28	29	29	30	31	31	32	40	
	20	32	33	33	34	35	36	36	37	38	38	39	30	
	30	39	40	40	41	42	42	43	44	44	45	46	20	
	40	46	47	47	48	49	49	50	51	51	52	53	10	
	50	53	53	54	55	55	56	57	57	58	59	59	0	28
62	0	59	60	61	61	62	63	63	64	65	65	66	50	
	10	66	67	67	68	69	69	70	71	71	72	73	40	
	20	73	73	74	75	75	76	77	77	78	79	79	30	
	30	79	80	81	81	82	83	83	84	85	85	86	20	
	40	86	86	87	88	88	89	90	90	91	92	92	10	
	50	92	93	94	94	95	96	96	97	98	98	99	0	27
63	0	99	99	*00	*01	*01	*02	*03	*03	*04	*05	*05	50	
	10	9,9505	06	07	07	08	08	09	10	10	11	12	40	
	20	12	12	13	13	14	15	15	16	17	17	18	30	
	30	18	19	19	20	20	21	22	22	23	24	24	20	
	40	24	25	25	26	27	27	28	29	29	30	30	10	
	50	30	31	32	32	33	34	34	35	35	36	37	0	26
64	0	37	37	38	38	39	40	40	41	42	42	43	50	
	10	43	43	44	45	45	46	46	47	48	48	49	40	
	20	49	49	50	51	51	52	52	53	54	54	55	30	
	30	55	55	56	57	57	58	58	59	60	60	61	20	
	40	61	61	62	63	63	64	64	65	66	66	67	10	
	50	67	67	68	69	69	70	70	71	72	72	73	0	25
		10	9	8	7	6	5	4	3	2	1	0	M.	G.

30° bis 25°.

Logarithmen der Kosinuswerte

Logarithmen der Tangenswerte
60° bis 65°.

G.	M.	0	1	2	3	4	5	6	7	8	9	10		
60	0	0,2386	89	91	94	97	*00	*03	*06	*09	*12	*15	50	
	10	0,2415	18	21	24	27	29	32	35	38	41	44	40	
	20	44	47	50	53	56	59	62	65	68	71	74	30	
	30	74	77	79	82	85	88	91	94	97	*00	*03	20	
	40	0,2503	06	09	12	15	18	21	24	27	30	33	10	
	50	33	36	39	42	45	48	51	54	57	60	62	0	29
61	0	62	65	68	71	74	77	80	83	86	89	92	50	
	10	92	95	98	*01	*04	*07	*10	*13	*16	*19	*22	40	
	20	0,2622	25	28	31	34	37	40	43	46	49	52	30	
	30	52	55	58	61	64	67	70	73	76	80	83	20	
	40	83	86	89	92	95	98	*01	*04	*07	*10	*13	10	
	50	0,2713	16	19	22	25	28	31	34	37	40	43	0	28
62	0	43	46	49	52	55	59	62	65	68	71	74	50	
	10	74	77	80	83	86	89	92	95	98	*01	*04	40	
	20	0,2804	08	11	14	17	20	23	26	29	32	35	30	
	30	35	38	41	44	48	51	54	57	60	63	66	20	
	40	66	69	72	75	79	82	85	88	91	94	97	10	
	50	97	*00	*03	*07	*10	*13	*16	*19	*22	*25	*28	0	27
63	0	0,2928	31	35	38	41	44	47	50	53	57	60	50	
	10	60	63	66	69	72	75	78	82	85	88	91	40	
	20	91	94	97	*01	*04	*07	*10	*13	*16	*19	*23	30	
	30	0,3023	26	29	32	35	38	42	45	48	51	54	20	
	40	54	58	61	64	67	70	73	77	80	83	86	10	
	50	86	89	93	96	99	*02	*05	*09	*12	*15	*18	0	26
64	0	0,3118	21	25	28	31	34	37	41	44	47	50	50	
	10	50	54	57	60	63	66	70	73	76	79	83	40	
	20	83	86	89	92	96	99	*02	*05	*09	*12	*15	30	
	30	0,3215	18	22	25	28	31	35	38	41	44	48	20	
	40	48	51	54	57	61	64	67	71	74	77	80	10	
	50	80	84	87	90	94	97	*00	*03	*07	*10	*13	0	25
		10	9	8	7	6	5	4	3	2	1	0	M.	G.

30° bis 25°.

Logarithmen der Kotangenswerte

II

Logarithmen der Sinuswerte

65° bis 70°.

G.	M.	0	1	2	3	4	5	6	7	8	9	10		
65	0	9,9573	73	74	75	75	76	76	77	77	78	79	50	
	10	79	79	80	80	81	82	82	83	83	84	84	40	
	20	84	85	86	86	87	87	88	89	89	90	90	30	
	30	90	91	91	92	93	93	94	94	95	95	96	20	
	40	96	97	97	98	98	99	99	*00	*01	*01	*02	10	
	50	9,9602	02	03	03	04	04	05	06	06	07	07	0	24
66	0	07	08	08	09	10	10	11	11	12	12	13	50	
	10	13	13	14	15	15	16	16	17	17	18	18	40	
	20	18	19	20	20	21	21	22	22	23	23	24	30	
	30	24	25	25	26	26	27	27	28	28	29	29	20	
	40	29	30	31	31	32	32	33	33	34	34	35	10	
	50	35	35	36	36	37	38	38	39	39	40	40	0	23
67	0	40	41	41	42	42	43	43	44	45	45	46	50	
	10	46	46	47	47	48	48	49	49	50	50	51	40	
	20	51	51	52	52	53	54	54	55	55	56	56	30	
	30	56	57	57	58	58	59	59	60	60	61	61	20	
	40	61	62	62	63	63	64	64	65	66	66	67	10	
	50	67	67	68	68	69	69	70	70	71	71	72	0	22
68	0	72	72	73	73	74	74	75	75	76	76	77	50	
	10	77	77	78	78	79	79	80	80	81	81	82	40	
	20	82	82	83	83	84	84	85	85	86	86	87	30	
	30	87	87	88	88	89	89	90	90	91	91	92	20	
	40	92	92	93	93	94	94	95	95	96	96	97	10	
	50	97	97	98	98	99	99	*00	*00	*01	*01	*02	0	21
69	0	9,9702	02	02	03	03	04	04	05	05	06	06	50	
	10	06	07	07	08	08	09	09	10	10	11	11	40	
	20	11	12	12	13	13	14	14	14	15	15	16	30	
	30	16	16	17	17	18	18	19	19	20	20	21	20	
	40	21	21	22	22	22	23	23	24	24	25	25	10	
	50	25	26	26	27	27	28	28	28	29	29	30	0	20
		10	9	8	7	6	5	4	3	2	1	0	M.	G.

25° bis 20°.

Logarithmen der Kosinuswerte

Logarithmen der Tangenswerte

65° bis 70°.

G.	M.	0	1	2	3	4	5	6	7	8	9	10		
65	0	0,3313	17	20	23	26	30	33	36	40	43	46	50	
	10	46	50	53	56	60	63	66	70	73	76	80	40	
	20	80	83	86	90	93	96	*00	*03	*06	*10	*13	30	
	30	0,3413	16	20	23	26	30	33	36	40	43	47	20	
	40	47	50	53	57	60	63	67	70	73	77	80	10	
	50	80	84	87	90	94	97	*01	*04	*07	*11	*14	0	24
66	0	0,3514	18	21	24	28	31	35	38	41	45	48	50	
	10	48	52	55	59	62	65	69	72	76	79	83	40	
	20	83	86	89	93	96	*00	*03	*07	*10	*14	*17	30	
	30	0,3617	20	24	27	31	34	38	41	45	48	52	20	
	40	52	55	59	62	66	69	72	76	79	83	86	10	
	50	86	90	93	97	*00	*04	*07	*11	*14	*18	*21	0	23
67	0	0,3721	25	29	32	36	39	43	46	50	53	57	50	
	10	57	60	64	67	71	74	78	81	85	89	92	40	
	20	92	96	99	*03	*06	*10	*13	*17	*21	*24	*28	30	
	30	0,3828	31	35	38	42	46	49	53	56	60	64	20	
	40	64	67	71	74	78	82	85	89	92	96	*00	10	
	50	0,3900	03	07	10	14	18	21	25	29	32	36	0	22
68	0	36	40	43	47	50	54	58	61	65	69	72	50	
	10	72	76	80	83	87	91	94	98	*02	*05	*09	40	
	20	0,4009	13	16	20	24	28	31	35	39	42	46	30	
	30	46	50	53	57	61	65	68	72	76	79	83	20	
	40	83	87	91	94	98	*02	*06	*09	*13	*17	*21	10	
	50	0,4121	24	28	32	36	39	43	47	51	54	58	0	21
69	0	58	62	66	70	73	77	81	85	89	92	96	50	
	10	96	*00	*04	*08	*11	*15	*19	*23	*27	*30	*34	40	
	20	0,4234	38	42	46	50	53	57	61	65	69	73	30	
	30	73	76	80	84	88	92	96	*00	*04	*07	*11	20	
	40	0,4311	15	19	23	27	31	35	38	42	46	50	10	
	50	50	54	58	62	66	70	74	78	81	85	89	0	20
		10	9	8	7	6	5	4	3	2	1	0	M.	G.

25° bis 20°.

Logarithmen der Kotangenswerte

Logarithmen der Sinuswerte
70° bis 75°.

G.	M.	0	1	2	3	4	5	6	7	8	9	10		
70	0	9,9730	30	31	31	32	32	33	33	34	34	34	50	
	10	34	35	35	36	36	37	37	38	38	39	39	40	
	20	39	39	40	40	41	41	42	42	43	43	43	30	
	30	43	44	44	45	45	46	46	47	47	47	48	20	
	40	48	48	49	49	50	50	51	51	51	52	52	10	
	50	52	53	53	54	54	55	55	55	56	56	57	0	19
71	0	57	57	58	58	58	59	59	60	60	61	61	50	
	10	61	61	62	62	63	63	64	64	64	65	65	40	
	20	65	66	66	67	67	67	68	68	69	69	70	30	
	30	70	70	70	71	71	72	72	73	73	73	74	20	
	40	74	74	75	75	75	76	76	77	77	78	78	10	
	50	78	78	79	79	80	80	80	81	81	82	82	0	18
72	0	82	82	83	83	84	84	85	85	85	86	86	50	
	10	86	87	87	87	88	88	89	89	89	90	90	40	
	20	90	91	91	91	92	92	93	93	93	94	94	30	
	30	94	95	95	95	96	96	97	97	97	98	98	20	
	40	98	99	99	99	*00	*00	*01	*01	*01	*02	*02	10	
	50	9,9802	02	03	03	04	04	04	05	05	06	06	0	17
73	0	06	06	07	07	08	08	08	09	09	09	10	50	
	10	10	10	11	11	11	12	12	12	13	13	14	40	
	20	14	14	14	15	15	15	16	16	17	17	17	30	
	30	17	18	18	18	19	19	20	20	20	21	21	20	
	40	21	21	22	22	23	23	23	24	24	24	25	10	
	50	25	25	26	26	26	27	27	27	28	28	28	0	16
74	0	28	29	29	30	30	30	31	31	31	32	32	50	
	10	32	32	33	33	33	34	34	35	35	35	36	40	
	20	36	36	36	37	37	37	38	38	38	39	39	30	
	30	39	39	40	40	41	41	41	42	42	42	43	20	
	40	43	43	43	44	44	44	45	45	45	46	46	10	
	50	46	46	47	47	47	48	48	48	49	49	49	0	15
		10	9	8	7	6	5	4	3	2	1	0	M.	G.

20° bis 15°.
Logarithmen der Kosinuswerte

Logarithmen der Tangenswerte

70° bis 75°.

G.	M.	0	1	2	3	4	5	6	7	8	9	10		
70	0	0,4389	93	97	*01	*05	*09	*13	*17	*21	*25	*29	50	
	10	0,4429	33	37	41	45	49	53	57	61	65	69	40	
	20	69	72	76	80	84	88	92	96	*00	*05	*09	30	
	30	0,4509	13	17	21	25	29	33	37	41	45	49	20	
	40	49	53	57	61	65	69	73	77	81	85	89	10	
	50	89	93	98	*02	*06	*10	*14	*18	*22	*26	*30	0	19
71	0	0,4630	34	38	43	47	51	55	59	63	67	71	50	
	10	71	76	80	84	88	92	96	*00	*05	*09	*13	40	
	20	0,4713	17	21	25	30	34	38	42	46	51	55	30	
	30	55	59	63	67	72	76	80	84	88	93	97	20	
	40	97	*01	*05	*10	*14	*18	*22	*27	*31	*35	*39	10	
	50	0,4839	44	48	52	57	61	65	69	74	78	82	0	18
72	0	82	87	91	95	99	*04	*08	*12	*17	*21	*25	50	
	10	0,4925	30	34	38	43	47	51	56	60	65	69	40	
	20	69	73	78	82	86	91	95	*00	*04	*08	*13	30	
	30	0,5013	17	22	26	30	35	39	44	48	53	57	20	
	40	57	61	66	70	75	79	84	88	93	97	*02	10	
	50	0,5102	06	11	15	20	24	29	33	38	42	47	0	17
73	0	47	51	56	60	65	69	74	78	83	87	92	50	
	10	92	97	*01	*06	*10	*15	*19	*24	*29	*33	*38	40	
	20	0,5238	42	47	52	56	61	65	70	75	79	84	30	
	30	84	89	93	98	*03	*07	*12	*17	*21	*26	*31	20	
	40	0,5331	35	40	45	49	54	59	63	68	73	78	10	
	50	78	82	87	92	97	*01	*06	*11	*16	*20	*25	0	16
74	0	0,5425	30	35	39	44	49	54	59	63	68	73	50	
	10	73	78	83	87	92	97	*02	*07	*12	*16	*21	40	
	20	0,5521	26	31	36	41	46	51	55	60	65	70	30	
	30	70	75	80	85	90	95	*00	*05	*10	*14	*19	20	
	40	0,5619	24	29	34	39	44	49	54	59	64	69	10	
	50	69	74	79	84	89	94	99	*04	*09	*14	*19	0	15
		10	9	8	7	6	5	4	3	2	1	0	M.	G.

20° bis 15°.

Logarithmen der Kotangenswerte

Logarithmen der Sinuswerte

75° bis 80°.

G.	M.	0	1	2	3	4	5	6	7	8	9	10		
75	0	9,9849	50	50	50	51	51	51	52	52	52	53	50	
	10	53	53	53	54	54	54	55	55	55	56	56	40	
	20	56	56	57	57	57	58	58	58	59	59	59	30	
	30	59	60	60	60	61	61	61	62	62	62	63	20	
	40	63	63	63	64	64	64	65	65	65	66	66	10	
	50	66	66	67	67	67	67	68	68	68	69	69	0	14
76	0	69	69	70	70	70	71	71	71	72	72	72	50	
	10	72	72	73	73	73	74	74	74	75	75	75	40	
	20	75	76	76	76	76	77	77	77	78	78	78	30	
	30	78	79	79	79	80	80	80	80	81	81	81	20	
	40	81	82	82	82	83	83	83	83	84	84	84	10	
	50	84	85	85	85	85	86	86	86	87	87	87	0	13
77	0	87	88	88	88	88	89	89	89	90	90	90	50	
	10	90	90	91	91	91	92	92	92	92	93	93	40	
	20	93	93	94	94	94	94	95	95	95	96	96	30	
	30	96	96	96	97	97	97	97	98	98	98	99	20	
	40	99	99	99	99	*00	*00	*00	*01	*01	*01	*01	10	
	50	9,9901	02	02	02	02	03	03	03	04	04	04	0	12
78	0	04	04	05	05	05	05	06	06	06	06	07	50	
	10	07	07	07	08	08	08	08	09	09	09	09	40	
	20	09	10	10	10	10	11	11	11	11	12	12	30	
	30	12	12	12	13	13	13	13	14	14	14	14	20	
	40	14	15	15	15	15	16	16	16	16	17	17	10	
	50	17	17	17	18	18	18	18	19	19	19	19	0	11
79	0	19	20	20	20	20	21	21	21	21	22	22	50	
	10	22	22	22	23	23	23	23	24	24	24	24	40	
	20	24	25	25	25	25	25	26	26	26	26	27	30	
	30	27	27	27	27	28	28	28	28	29	29	29	20	
	40	29	29	29	30	30	30	30	31	31	31	31	10	
	50	31	31	32	32	32	32	33	33	33	33	34	0	10
		10	9	8	7	6	5	4	3	2	1	0	M.	G.

15° bis 10°.

Logarithmen der Kosinuswerte

Logarithmen der Tangenswerte

75° bis 80°.

G.	M.	0	1	2	3	4	5	6	7	8	9	10		
75	0	0,5719	25	30	35	40	45	50	55	60	65	70	50	
	10	70	75	80	86	91	96	*01	*06	*11	*16	*22	40	
	20	0,5822	27	32	37	42	47	53	58	63	68	73	30	
	30	73	79	84	89	94	*00	*05	*10	*15	*21	*26	20	
	40	0,5926	31	36	42	47	52	58	63	68	73	79	10	
	50	79	84	89	95	*00	*05	*11	*16	*22	*27	*32	0	14
76	0	0,6032	38	43	48	54	59	65	70	76	81	86	50	
	10	86	92	97	*03	*08	*14	*19	*25	*30	*36	*41	40	
	20	0,6141	47	52	58	63	69	74	80	85	91	96	30	
	30	96	*02	*08	*13	*19	*24	*30	*36	*41	*47	*52	20	
	40	0,6252	58	64	69	75	81	86	92	98	*03	*09	10	
	50	0,6309	15	20	26	32	38	43	49	55	61	66	0	13
77	0	66	72	78	84	89	95	*01	*07	*13	*19	*24	50	
	10	0,6424	30	36	42	48	54	59	65	71	77	83	40	
	20	83	89	95	*01	*07	*13	*19	*25	*31	*36	*42	30	
	30	0,6542	48	54	60	66	72	78	84	91	97	*03	20	
	40	0,6603	09	15	21	27	33	39	45	51	57	64	10	
	50	64	70	76	82	88	94	*00	*07	*13	*19	*25	0	12
78	0	0,6725	31	38	44	50	56	63	69	75	81	88	50	
	10	88	94	*00	*07	*13	*19	*26	*32	*38	*45	*51	40	
	20	0,6851	58	64	70	77	83	90	96	*02	*09	*15	30	
	30	0,6915	22	28	35	41	48	54	61	67	74	80	20	
	40	80	87	94	*00	*07	*13	*20	*27	*33	*40	*47	10	
	50	0,7047	53	60	67	73	80	87	93	*00	*07	*13	0	11
79	0	0,7113	20	27	34	41	47	54	61	68	75	81	50	
	10	81	88	95	*02	*09	*16	*23	*30	*36	*43	*50	40	
	20	0,7250	57	64	71	78	85	92	99	*06	*13	*20	30	
	30	0,7320	27	34	42	49	56	63	70	77	84	91	20	
	40	91	99	*06	*13	*20	*27	*35	*42	*49	*56	*64	10	
	50	0,7464	71	78	85	93	*00	*07	*15	*22	*29	*37	0	10
		10	9	8	7	6	5	4	3	2	1	0	M.	G.

15° bis 10°.

Logarithmen der Kotangenswerte

II

Logarithmen der Sinuswerte

80° bis 85°.

G.	M.	0	1	2	3	4	5	6	7	8	9	10		
80	0	9,9934	34	34	34	34	35	35	35	35	36	36	50	
	10	36	36	36	36	37	37	37	37	37	38	38	40	
	20	38	38	38	39	39	39	39	39	40	40	40	30	
	30	40	40	40	41	41	41	41	41	42	42	42	20	
	40	42	42	43	43	43	43	43	44	44	44	44	10	
	50	44	44	45	45	45	45	45	46	46	46	46	0	9
81	0	46	46	47	47	47	47	47	48	48	48	48	50	
	10	48	48	49	49	49	49	49	50	50	50	50	40	
	20	50	50	51	51	51	51	51	51	52	52	52	30	
	30	52	52	52	53	53	53	53	53	54	54	54	20	
	40	54	54	54	54	55	55	55	55	55	56	56	10	
	50	56	56	56	56	56	57	57	57	57	57	58	0	8
82	0	58	58	58	58	58	58	59	59	59	59	59	50	
	10	59	59	60	60	60	60	60	60	61	61	61	40	
	20	61	61	61	62	62	62	62	62	62	63	63	30	
	30	63	63	63	63	63	64	64	64	64	64	64	20	
	40	64	64	65	65	65	65	65	65	66	66	66	10	
	50	66	66	66	66	67	67	67	67	67	67	68	0	7
83	0	68	68	68	68	68	68	68	69	69	69	69	50	
	10	69	69	69	69	70	70	70	70	70	70	71	40	
	20	71	71	71	71	71	71	71	72	72	72	72	30	
	30	72	72	72	72	73	73	73	73	73	73	73	20	
	40	73	74	74	74	74	74	74	74	75	75	75	10	
	50	75	75	75	75	75	75	76	76	76	76	76	0	6
84	0	76	76	76	77	77	77	77	77	77	77	77	50	
	10	77	78	78	78	78	78	78	78	78	79	79	40	
	20	79	79	79	79	79	79	79	80	80	80	80	30	
	30	80	80	80	80	80	81	81	81	81	81	81	20	
	40	81	81	81	82	82	82	82	82	82	82	82	10	
	50	82	82	83	83	83	83	83	83	83	83	83	0	5
		10	9	8	7	6	5	4	3	2	1	0	M.	G.

10° bis 5°.

Logarithmen der Kosinuswerte

Logarithmen der Tangenswerte

80° bis 85°.

G.	M.	0	1	2	3	4	5	6	7	8	9	10		
80	0	0,7537	44	52	59	66	74	81	89	96	*04	*11	50	
	10	0,7611	19	26	34	41	49	57	64	72	79	87	40	
	20	87	95	*02	*10	*18	*25	*33	*41	*48	*56	*64	30	
	30	0,7764	72	79	87	95	*03	*11	*19	*26	*34	*42	20	
	40	0,7842	50	58	66	74	82	90	98	*06	*14	*22	10	
	50	0,7922	30	38	46	54	62	70	78	87	95	*03	0	9
81	0	0,8003	11	19	27	36	44	52	60	69	77	85	50	
	10	85	94	*02	*10	*19	*27	*36	*44	*52	*61	*69	40	
	20	0,8169	78	86	95	*03	*12	*21	*29	*38	*46	*55	30	
	30	0,8255	64	72	81	90	98	*07	*16	*25	*33	*42	20	
	40	0,8342	51	60	69	78	87	95	*04	*13	*22	*31	10	
	50	0,8431	40	49	58	67	76	85	95	*04	*13	*22	0	8
82	0	0,8522	31	40	50	59	68	77	87	96	*05	*15	50	
	10	0,8615	24	33	43	52	62	71	81	90	*00	*09	40	
	20	0,8709	19	28	38	48	57	67	77	86	96	*06	30	
	30	0,8806	15	25	35	45	55	65	75	84	94	*04	20	
	40	0,8904	14	24	34	45	55	65	75	85	95	*05	10	
	50	0,9005	16	26	36	46	57	67	77	88	98	*09	0	7
83	0	0,9109	19	29	40	51	61	72	82	93	*04	*14	50	
	10	0,9214	25	36	46	57	68	79	90	*01	*12	*22	40	
	20	0,9322	33	44	55	67	78	89	*00	*11	*22	*33	30	
	30	0,9433	45	56	67	79	90	*01	*13	*24	*36	*47	20	
	40	0,9547	59	70	82	93	*05	*17	*29	*40	*52	*64	10	
	50	0,9664	76	88	*00	*11	*23	*35	*47	*60	*72	*84	0	6
84	0	0,9784	96										50	
	0	0,98		08	20	33	45	57	70	82	95	*07	50	
	10	0,9907	20	32	45	57	70	83	95	*08	*21	*34	40	
	20	1,0034	47	60	72	85	99	*12	*25	*38	*51	*64	30	
	30	1.0164	77	91	*04	*18	*31	*44	*58	*71	*85	*99	20	
	40	1,0299											10	
	40	1,03	12	26	40	54	67	81	95	*09	*23	*37	10	
	50	1,0437	51	66	80	94	*08	*23	*37	*51	*66	*80	0	5
		10	9	8	7	6	5	4	3	2	1	0	M.	G.

10° bis 5°.

Logarithmen der Kotangenswerte

II

Logarithmen der Sinuswerte
85° bis 90°.

G.	M.	0	1	2	3	4	5	6	7	8	9	10		
85	0	9,9983	84	84	84	84	84	84	84	84	84	85	50	
	10	85	85	85	85	85	85	85	85	85	85	86	40	
	20	86	86	86	86	86	86	86	86	86	86	87	30	
	30	87	87	87	87	87	87	87	87	87	87	88	20	
	40	88	88	88	88	88	88	88	88	88	88	89	10	
	50	89	89	89	89	89	89	89	89	89	89	89	0	4
86	0	89	89	90	90	90	90	90	90	90	90	90	50	
	10	90	90	90	91	91	91	91	91	91	91	91	40	
	20	91	91	91	91	91	92	92	92	92	92	92	30	
	30	92	92	92	92	92	92	92	92	92	93	93	20	
	40	93	93	93	93	93	93	93	93	93	93	93	10	
	50	93	93	94	94	94	94	94	94	94	94	94	0	3
87	0	94	94	94	94	94	94	94	94	95	95	95	50	
	10	95	95	95	95	95	95	95	95	95	95	95	40	
	20	95	95	95	95	96	96	96	96	96	96	96	30	
	30	96	96	96	96	96	96	96	96	96	96	96	20	
	40	96	96	97	97	97	97	97	97	97	97	97	10	
	50	97	97	97	97	97	97	97	97	97	97	97	0	2
88	0	97	97	97	97	98	98	98	98	98	98	98	50	
	10	98	98	98	98	98	98	98	98	98	98	98	40	
	20	98	98	98	98	98	98	98	98	98	98	99	30	
	30	99	99	99	99	99	99	99	99	99	99	99	20	
	40	99	99	99	99	99	99	99	99	99	99	99	10	
	50	99	99	99	99	99	99	99	99	99	99	99	0	1
89	0	99	99	99	99	99	99	99	99	*00	*00	*00	50	
	10	10,0000	00	00	00	00	00	00	00	00	00	00	40	
	20	00	00	00	00	00	00	00	00	00	00	00	30	
	30	00	00	00	00	00	00	00	00	00	00	00	20	
	40	00	00	00	00	00	00	00	00	00	00	00	10	
	50	00	00	00	00	00	00	00	00	00	00	00	0	0
		10	9	8	7	6	5	4	3	2	1	0	M.	G.

5° bis 0°.

Logarithmen der Kosinuswerte

Logarithmen der Tangenswerte

85° bis 85° 30′

Grad	Mi.	0″	10″	20″	30″	40″	50″	60″		
85	0	1,0580	583	585	588	590	593	595	59	
	1	595	597	600	602	605	607	610	58	
	2	610	612	615	617	619	622	624	57	
	3	624	627	629	632	634	637	639	56	
	4	639	642	644	646	649	651	654	55	
	5	654	656	659	661	664	666	669	54	
	6	669	671	674	676	679	681	684	53	
	7	684	686	688	691	693	696	698	52	
	8	698	701	703	706	708	711	713	51	
	9	713	716	718	721	723	726	728	50	
	10	728	731	733	736	738	741	744	49	
	11	744	746	749	751	754	756	759	48	
	12	759	761	764	766	769	771	774	47	
	13	774	776	779	781	784	787	789	46	
	14	789	792	794	797	799	802	804	45	
	15	804	807	809	812	815	817	820	44	
	16	820	822	825	827	830	832	935	43	
	17	835	838	840	843	845	848	850	42	
	18	850	853	856	858	861	863	866	41	
	19	866	869	871	874	876	879	882	40	
	20	882	884	887	889	892	895	897	39	
	21	897	900	902	905	908	910	913	38	
	22	913	915	918	921	923	926	929	37	
	23	929	931	934	936	939	942	944	36	
	24	944	947	950	952	955	957	960	35	
	25	960	963	965	968	971	973	976	34	
	26	976	979	981	984	987	989	992	33	
	27	992	995	997	*000	*003	*005	*008	32	
	28	1,1008	011	013	016	019	021	024	31	
	29	024	027	029	032	035	037	040	30	4
		60″	50″	40″	30″	20″	10″	0″	Mi.	Grad

5° bis 4° 30′

Logarithmen der Kotangenswerte

log *tan* **Logarithmen der Tangenswerte**

85° 30′ bis 86°

Grad	Mi.	0″	10″	20″	30″	40″	50″	60″		
85	30	1,1040	043	046	048	051	054	056	29	
	31	056	059	062	064	067	070	073	28	
	32	073	075	078	081	083	086	089	27	
	33	089	092	094	097	100	103	105	26	
	34	105	108	111	113	116	119	122	25	
	35	122	124	127	130	133	135	138	24	
	36	138	141	144	146	149	152	155	23	
	37	155	157	160	163	166	169	171	22	
	38	171	174	177	180	182	185	188	21	
	39	188	191	194	196	199	202	205	20	
	40	205	208	210	213	216	219	222	19	
	41	222	224	227	230	233	236	238	18	
	42	238	241	244	247	250	252	255	17	
	43	255	258	261	264	267	269	272	16	
	44	272	275	278	281	284	287	289	15	
	45	289	292	295	298	301	304	306	14	
	46	306	309	312	315	318	321	324	13	
	47	324	327	329	332	335	338	341	12	
	48	341	344	347	350	352	355	358	11	
	49	358	361	364	367	370	373	376	10	
	50	376	379	381	384	387	390	393	9	
	51	393	396	399	402	405	408	411	8	
	52	411	414	417	419	422	425	428	7	
	53	428	431	434	437	440	443	446	6	
	54	446	449	452	455	458	461	464	5	
	55	464	467	470	473	476	479	482	4	
	56	482	485	487	490	493	496	499	3	
	57	499	502	505	508	511	514	517	2	
	58	517	520	523	526	529	532	535	1	
	59	535	538	541	544	548	551	554	0	4
		60″	50″	40″	30″	20″	10″	0″	Mi.	Grad

log *cot* **4° 30′ bis 4°**

Logarithmen der Kotangenswerte

Logarithmen der Tangenswerte

86⁰ bis 86⁰ 30′

Grad	Mi.	0″	10″	20″	30″	40″	50″	60″	Mi.	Grad
86	0	1,1554	557	560	563	566	569	572	59	
	1	572	575	578	581	584	587	590	58	
	2	590	593	596	599	602	605	608	57	
	3	608	611	614	618	621	624	627	56	
	4	627	630	633	636	639	642	645	55	
	5	645	648	651	655	658	661	664	54	
	6	664	667	670	673	676	679	683	53	
	7	683	686	689	692	695	698	701	52	
	8	701	704	708	711	714	717	720	51	
	9	720	723	726	730	733	736	739	50	
	10	739	742	745	748	752	755	758	49	
	11	758	761	764	767	771	774	777	48	
	12	777	780	783	787	790	793	796	47	
	13	796	799	803	806	809	812	815	46	
	14	815	819	822	825	828	831	835	45	
	15	835	838	841	844	848	851	854	44	
	16	854	857	861	864	867	870	874	43	
	17	874	877	880	883	887	890	893	42	
	18	893	896	900	903	906	910	913	41	
	19	913	916	919	923	926	929	933	40	
	20	933	936	939	942	946	949	952	39	
	21	952	956	959	962	966	969	972	38	
	22	972	976	979	982	986	989	992	37	
	23	992	996	999	*002	*006	*009	*012	36	
	24	1,2012	016	019	023	026	029	033	35	
	25	033	036	039	043	046	050	053	34	
	26	053	056	060	063	067	070	073	33	
	27	073	077	080	084	087	090	094	32	
	28	094	097	101	104	108	111	114	31	
	29	114	118	121	125	128	132	135	30	3
		60″	50″	40″	30″	20″	10″	0″	Mi.	Grad

4⁰ bis 3⁰ 30′

Logarithmen der Kotangenswerte

II

log *tan* **Logarithmen der Tangenswerte**

86° 30′ bis 87°

Grad	Mi.	0″	10″	20″	30″	40″	50″	60″		
86	30	1,2135	139	142	146	149	152	156	29	
	31	156	159	163	166	170	173	177	28	
	32	177	180	184	187	191	194	198	27	
	33	198	201	205	208	212	215	219	26	
	34	219	222	226	229	233	237	240	25	
	35	240	244	247	251	254	258	261	24	
	36	261	265	268	272	276	279	283	23	
	37	283	286	290	293	297	301	304	22	
	38	304	308	311	315	319	322	326	21	
	39	326	329	333	337	340	344	348	20	
	40	348	351	355	358	362	366	369	19	
	41	369	373	377	380	384	388	391	18	
	42	391	395	399	402	406	410	413	17	
	43	413	417	421	424	428	432	435	16	
	44	435	439	443	447	450	454	458	15	
	45	458	461	465	469	473	476	480	14	
	46	480	484	488	491	495	499	503	13	
	47	503	506	510	514	518	521	525	12	
	48	525	529	533	537	540	544	548	11	
	49	548	552	556	559	563	567	571	10	
	50	571	575	578	582	586	590	594	9	
	51	594	598	601	605	609	613	617	8	
	52	617	621	625	628	632	636	640	7	
	53	640	644	648	652	656	659	663	6	
	54	663	667	671	675	679	683	687	5	
	55	687	691	695	699	703	706	710	4	
	56	710	714	718	722	726	730	734	3	
	57	734	738	742	746	750	754	758	2	
	58	758	762	766	770	774	778	782	1	
	59	782	786	790	794	798	802	806	0	3
		60″	50″	40″	30″	20″	10″	0″	Mi.	Grad

log *cot* 3° 30′ bis 3°

Logarithmen der Kotangenswerte

Logarithmen der Tangenswerte

87° bis 87° 30′

Grad	Mi.	0″	10″	20″	30″	40″	50″	60″		
87	0	1,2806	810	814	818	822	826	830	59	
	1	830	834	838	842	847	851	855	58	
	2	855	859	863	867	871	875	879	57	
	3	879	883	887	891	896	900	904	56	
	4	904	908	912	916	920	924	929	55	
	5	929	933	937	941	945	949	954	54	
	6	954	958	962	966	970	974	979	53	
	7	979	983	987	991	995	*000	*004	52	
	8	1,3004	008	012	016	021	025	029	51	
	9	029	033	038	042	046	050	055	50	
	10	055	059	063	068	072	076	080	49	
	11	080	085	089	093	098	102	106	48	
	12	106	111	115	119	123	128	132	47	
	13	132	136	141	145	150	154	158	46	
	14	158	163	167	171	176	180	185	45	
	15	185	189	193	198	202	207	211	44	
	16	211	215	220	224	229	233	238	43	
	17	238	242	247	251	255	260	264	42	
	18	264	269	273	278	282	287	291	41	
	19	291	296	300	305	309	314	318	40	
	20	318	323	327	332	337	341	346	39	
	21	346	350	355	359	364	369	373	38	
	22	373	378	382	387	391	396	401	37	
	23	401	405	410	415	419	424	429	36	
	24	429	433	438	442	447	452	456	35	
	25	456	461	466	471	475	480	485	34	
	26	485	489	494	499	503	508	513	33	
	27	513	518	522	527	532	537	541	32	
	28	541	546	551	556	561	565	570	31	
	29	570	575	580	585	589	594	599	30	2
		60″	50″	40″	30″	20″	10″	0″	Mi.	Grad

3° bis 2° 30′

Logarithmen der Kotangenswerte

II

Logarithmen der Tangenswerte

87° 30′ bis 88° 1′

88° 1′ bis 90°.

Den log *tan* eines Winkels über 88° 1′ findet man, indem man den log *tan* des Komplements nach Seite 37 berechnet und das erhaltene Resultat von

10,0000

subtrahiert.

Den log *cot* eines Winkels unter 1° 59′ findet man, indem man den log *tan* desselben Winkels nach Seite 37 berechnet und das erhaltene Resultat von

10,0000

subtrahiert.

1° 59′ bis 0°.

G.	M.	0″	10″	20″	30″	40″	50″	60″		
87	30	1,3599	*04	*09	*14	*18	*23	*28	29	
	31	1,3628	33	38	43	48	53	57	28	
	32	57	62	67	72	77	82	87	27	
	33	87	92	97	*02	*07	*12	*17	26	
	34	1,3717	22	27	32	36	41	46	25	
	35	46	51	56	62	67	72	77	24	
	36	77	82	87	92	97	*02	*07	23	
	37	1,3807	12	17	22	27	32	37	22	
	38	37	42	48	53	58	63	68	21	
	39	68	73	78	84	89	94	99	20	
	40	99	*04	*09	*15	*20	*25	*30	19	
	41	1,3930	35	41	46	51	56	62	18	
	42	62	67	72	77	83	88	93	17	
	43	93	99	*04	*09	*14	*20	*25	16	
	44	1,4025	30	36	41	46	52	57	15	
	45	57	63	68	73	79	84	89	14	
	46	89	95	*00	*06	*11	*17	*22	13	
	47	1,4122	28	33	38	44	49	55	12	
	48	55	60	66	71	77	82	88	11	
	49	88	93	99	*05	*10	*16	*21	10	
	50	1,4221	27	32	38	44	49	55	9	
	51	55	60	66	72	77	83	89	8	
	52	89	94	*00	*06	*11	*17	*23	7	
	53	1,4323	28	34	40	46	51	57	6	
	54	57	63	69	74	80	86	92	5	
	55	92	98	*03	*09	*15	*21	*27	4	
	56	1,4427	32	38	44	50	56	62	3	
	57	62	68	74	80	85	91	97	2	
	58	97	*03	*09	*15	*21	*27	*33	1	
	59	1,4533	39	45	51	57	63	69	0	2
88	0	69	75	81	87	93	99	*06	59	1
		60″	50″	40″	30″	20″	10″	0″	M.	G.

2° 30′ bis 1° 59′

Logarithmen der Kotangenswerte

III

Additionslogarithmen.

Gegeben: $\log a$ und $\log b$, wobei $a \geqq b$ sei.
Gesucht: $\log (a+b)$.
Lösung: Man sucht in der Tafel zu

$$\log a - \log b = A$$

den zugehörigen Wert von B und findet dann

$$\log (a+b) = \log a + B.$$

Beispiel: $\log a = 0.6846$, $\log b = 0.5034$;

$$\log a - \log b = 0\,1812 = A.$$

Zu dem Werte $A = 0.1810$ gibt die Tafel $B = 0.2199$. Der letzten Ziffer 2 von A entspricht der Proportionalteil 1, so daß zu $A = 0.1812$ der Wert $B = 0.2198$ gehört

$$\begin{array}{r} \log a = 0.6846 \\ \hline \log (a+b) = 0.9044 \end{array}$$

III

Additionslog B.

A	B 0	1	2	3	4	5	6	7	8	9
0.00	0.3010	05	00	*95	*90	*85	*80	*75	*70	*66
0.01	0.2961	56	51	46	41	36	31	26	21	16
0.02	11	07	02	*97	*92	*87	*82	*77	*73	*68
0.03	0.2863	58	53	48	44	39	34	29	24	20
0.04	15	10	05	01	*96	*91	*86	*82	*77	*72
0.05	0.2767	63	58	53	49	44	39	35	30	25
0.06	21	16	11	07	02	*97	*93	*88	*84	*79
0.07	0.2674	70	65	61	56	51	47	42	38	33
0.08	29	24	20	15	11	06	02	*97	*93	*88
0.09	0.2584	79	75	70	66	61	57	52	48	43
0.10	39	35	30	26	21	17	13	08	04	*99
0.11	0.2495	91	86	82	78	73	69	65	60	56
0.12	52	47	43	39	34	30	26	22	17	13
0.13	09	05	00	*96	*92	*88	*83	*79	*75	*71
0.14	0.2366	62	58	54	50	46	41	37	33	29
0.15	25	21	16	12	08	04	00	*96	*92	*88
0.16	0.2284	79	75	71	67	63	59	55	51	47
0.17	43	39	35	31	27	23	19	15	11	07
0.18	03	*99	*95	*91	*87	*83	*79	*75	*71	*67
0.19	0.2163	59	56	52	48	44	40	36	32	28
0.20	24	21	17	13	09	05	01	*97	*94	*90
0.21	0.2086	82	78	75	71	67	63	59	56	52
0.22	48	44	41	37	33	29	26	22	18	15
0.23	11	07	03	00	*96	*92	*89	*85	*81	*78
0.24	0.1974	70	67	63	59	56	52	49	45	41
0.25	38	34	31	27	23	20	16	13	09	06
0.26	02	*98	*95	*91	*88	*84	*81	*77	*74	*70
0.27	0.1867	63	60	56	53	49	46	42	39	36
0.28	32	29	25	22	18	15	12	08	05	01
0.29	0.1798	95	91	88	84	81	78	74	71	68
A	B 0	1	2	3	4	5	6	7	8	9

Additionslog B.

A	B 0	1	2	3	4	5	6	7	8	9
0.30	0.1764	61	58	54	51	48	44	41	38	35
0.31	31	28	25	21	18	15	12	08	05	02
0.32	0.1699	95	92	89	86	82	79	76	73	70
0.33	66	63	60	57	54	51	47	44	41	38
0.34	35	32	29	25	22	19	16	13	10	07
0.35	04	01	*98	*94	*91	*88	*85	*82	*79	*76
0.36	0.1573	70	67	64	61	58	55	52	49	46
0.37	43	40	37	34	31	28	25	22	19	16
0.38	13	10	07	04	02	*99	*96	*93	*90	*87
0.39	0 1484	81	78	75	73	70	67	64	61	58
0.40	55	53	50	47	44	41	38	36	33	30
0.41	27	24	22	19	16	13	10	08	05	02
0.42	0.1399	97	94	91	88	86	83	80	77	75
0.43	72	69	67	64	61	59	56	53	51	48
0.44	45	43	40	37	35	32	29	27	24	21
0.45	19	16	14	11	08	06	03	01	*98	*95
0.46	0.1293	90	88	85	83	80	77	75	72	70
0.47	67	65	62	60	57	55	52	50	47	45
0.48	42	40	37	35	32	30	27	25	22	20
0.49	18	15	13	10	08	05	03	01	*98	*96
0.50	0.1193	91	89	86	84	81	79	77	74	72
0.51	69	67	65	62	60	58	55	53	51	48
0.52	46	44	41	39	37	35	32	30	28	25
0.53	23	21	19	16	14	12	10	07	05	03
0.54	01	*98	*96	*94	*92	*89	*87	*85	*83	*81
0.55	0 1078	76	74	72	70	67	65	63	61	59
0.56	57	54	52	50	48	46	44	42	39	37
0.57	35	33	31	29	27	25	22	20	18	16
0.58	14	12	10	08	06	04	02	00	*98	*96
0.59	0 0993	91	89	87	85	83	81	79	77	75
A	B 0	1	2	3	4	5	6	7	8	9

III

Additionslog B.

A	B 0	1	2	3	4	5	6	7	8	9
0 60	0 0973	71	69	67	65	63	61	59	57	55
0 61	53	51	49	47	45	44	42	40	38	36
0 62	34	32	30	28	26	24	22	20	18	17
0.63	15	13	11	09	07	05	03	01	00	*98
0 64	0 0896	94	92	90	88	87	85	83	81	79
0 65	77	76	74	72	70	68	66	65	63	61
0 66	59	57	56	54	52	50	49	47	45	43
0 67	41	40	38	36	34	33	31	29	27	26
0.68	24	22	21	19	17	15	14	12	10	09
0 69	07	05	04	02	00	*98	*97	*95	*93	*92
0 70	0 0790	88	87	85	83	82	80	79	77	75
0.71	74	72	70	69	67	66	64	62	61	59
0.72	57	56	54	53	51	49	48	46	45	43
0.73	42	40	38	37	35	34	32	31	29	28
0 74	26	25	23	21	20	18	17	15	14	12
0.75	11	09	08	06	05	03	02	00	*99	*97
0.76	0.0696	94	93	91	90	89	87	86	84	83
0 77	81	80	78	77	75	74	73	71	70	68
0 78	67	65	64	63	61	60	58	57	56	54
0 79	53	51	50	49	47	46	44	43	42	40
0.80	39	38	36	35	33	32	31	29	28	27
0.81	25	24	23	21	20	19	17	16	15	13
0.82	12	11	09	08	07	06	04	03	02	00
0.83	0.0599	98	96	95	94	93	91	90	89	88
0.84	86	85	84	83	81	80	79	78	76	75
0.85	74	73	71	70	69	68	66	65	64	63
0.86	62	60	59	58	57	56	54	53	52	51
0.87	50	48	47	46	45	44	42	41	40	39
0 88	38	37	35	34	33	32	31	30	29	27
0.89	26	25	24	23	22	21	19	18	17	16
A	B 0	1	2	3	4	5	6	7	8	9

Additionslog B.

A	B 0	1	2	3	4	5	6	7	8	9
0.90	0.0515	14	13	12	11	09	08	07	06	05
0.91	04	03	02	01	00	*98	*97	*96	*95	*94
0.92	0.0493	92	91	90	89	88	87	86	85	83
0.93	82	81	80	79	78	77	76	75	74	73
0.94	72	71	70	69	68	67	66	65	64	63
0.95	62	61	60	59	58	57	56	55	54	53
0.96	52	51	50	49	48	47	46	45	44	43
0.97	42	41	40	39	38	37	36	35	34	33
0.98	32	32	31	30	29	28	27	26	25	24
0.99	23	22	21	20	19	18	18	17	16	15
1.0	14	05	*96	*87	*79	*71	*63	*55	*47	*39
1.1	0.0332	25	18	11	04	*97	*91	*84	*78	*72
1.2	0.0266	60	54	48	43	38	32	27	22	17
1.3	12	08	03	*99	*94	*90	*86	*81	*77	*73
1.4	0.0170	66	62	58	55	51	48	45	41	38
1.5	35	32	29	26	23	21	18	15	13	10
1.6	08	05	03	01	*98	*96	*94	*92	*90	*88
1.7	0.0086	84	82	80	78	77	75	73	71	70
1.8	68	67	65	64	62	61	60	58	57	56
1.9	54	53	52	51	50	48	47	46	45	44
2.	43	34	27	22	17	14	11	09	07	05
3.	04	03	03	02	02	01	01	01	01	01
4.	0.0000									
A	B 0	1	2	3	4	5	6	7	8	9

IV

Subtraktionslogarithmen.

Gegeben: $\log a$ und $\log b$, wobei $a > b$ sei.

Gesucht: $\log (a-b)$.

Lösung: Man sucht in der Tafel zu

$$\log a - \log b = A$$

den zugehörigen Wert von C und findet dann

$$\log (a-b) = \log a + C.$$

Beispiel: $\log a = 0{,}6846$, $\log b = 0{,}5034$
$\log a - \log b = 0{,}1812 = A$

Zu diesem Werte von A gibt die Tafel

$$\begin{array}{r} C = 9.5329 - 10 \\ \log a = 0.6846 \\ \hline \log (a-b) = 0{,}2175 \end{array}$$

Bemerkung: Den Werten von C in dieser Tafel ist die negative Kennziffer -10 anzuhängen.

Subtraktionslog C.

A	C 0	1	2	3	4
0 000		6 3522	6628	8451	9661
0 001	7 3617	4027	4409	4771	5079
0.002	6628	6835	7033	7226	7404
0.003	8376	8525	8657	8794	8921
0.004	9626	9731	9834	9934	*0035
0.005	8 0588	0673	0756	0837	0920
0.006	1374	.1446	1515	1584	1651
0.007	2041	2101	2159	2218	2279
0 008	2613	2666	2718	2770	2822
0.009	3118	3168	3214	3259	3308
0.010	3572	3615	3657	3699	3741
0 011	3981	4020	4058	4096	4133
0.012	4354	4389	4425	4460	4495
0.013	4697	4730	4762	4794	4826
0 014	5014	5044	5074	5104	5134
0.015	5308	5337	5365	5393	5421
0.016	5584	5610	5637	5663	5689
0.017	5842	5867	5892	5916	5941
0.018	6085	6109	6132	6155	6179
0 019	6315	6337	6360	6382	6404
0.020	6533	6554	6575	6596	6617
0.021	6740	6760	6780	6800	6820
0.022	6937	6956	6975	6994	7013
0.023	7125	7143	7162	7180	7198
0.024	7305	7322	7340	7357	7375
0.025	7477	7494	7511	7527	7544
0.026	7643	7659	7675	7691	7707
0.027	7801	7817	7833	7848	7863
0.028	7954	7969	7984	7999	8014
0 029	8102	8116	8131	8145	8159
A	C 0	1	2	3	4

Subtraktionslog C.

C 5	6	7	8	9	A
7.0607	1399	2041	2648	3170	0.000
5378	5653	5911	6170	6395	0.001
7589	7763	7924	8079	8228	0.002
9045	9165	9284	9405	9513	0.003
8.0128	0228	0318	0414	0500	0.004
0997	1076	1150	1230	1303	0.005
1717	1784	1847	1915	1976	0.006
2336	2393	2449	2504	2559	0.007
2874	2923	2972	3023	3071	0.008
3353	3397	3440	3487	3530	0.009
3782	3823	3863	3903	3942	0.010
4171	4209	4246	4282	4318	0.011
4529	4563	4597	4630	4664	0.012
4857	5889	4921	4952	4983	0.013
5164	4193	5222	5251	5280	0.014
5448	5476	5503	5530	5557	0.015
5715	5741	5766	5792	5817	0.016
5965	5990	6014	6038	6061	0.017
6202	6225	6247	6270	6293	0.018
6425	6447	6469	6490	6512	0.019
6638	6658	6679	6699	6720	0.020
6839	6859	6879	6898	6918	0.021
7032	7051	7069	7088	7107	0.022
7216	7234	7252	7269	7287	0.023
7392	7409	7426	7443	7460	0.024
7561	7577	7594	7610	7626	0.025
7723	7739	7754	7770	7786	0.026
7879	7894	7909	7924	7939	0.027
8029	8044	8058	8073	8087	0.028
8174	8188	8202	8216	8230	0.029
C 5	6	7	8	9	A

IV

Subtraktionslog C.

A	C 0	1	2	3	4	5	6	7	8	9
0.030	8.8244	258	272	286	300	314	327	341	355	368
0.031	382	395	409	422	435	449	462	475	488	502
0.032	515	528	541	554	567	580	592	605	618	631
0.033	643	656	669	681	694	706	719	731	743	756
0.034	768	780	793	805	817	829	841	853	865	877
0.035	889	901	913	925	936	948	960	972	983	995
0.036	8.9006	018	029	041	052	064	075	087	098	109
0.037	120	132	143	154	165	176	187	198	209	220
0.038	231	242	253	264	275	286	296	307	318	329
0.039	339	350	360	371	382	392	403	413	424	434
0.040	444	455	465	475	486	496	506	516	526	536
0.041	547	557	567	577	587	597	607	617	627	636
0.042	646	656	666	676	686	695	705	715	724	734
0.043	744	753	763	772	782	792	801	810	820	829
0.044	839	848	857	867	876	885	894	904	913	922
0.045	931	940	950	959	968	977	986	995	*004	*013
0.046	9.0022	031	040	049	057	066	075	084	093	101
0.047	110	119	128	136	145	154	162	171	180	188
0.048	197	205	214	222	231	239	248	256	265	273
0.049	281	290	298	306	315	323	331	340	348	356
0.050	364	372	381	389	397	405	413	421	429	437
0.051	445	453	461	469	477	485	493	501	509	517
0.052	525	533	540	548	556	564	572	579	587	595
0.053	603	610	618	626	633	641	649	656	664	671
0.054	679	686	694	701	709	716	724	731	739	746
0.055	754	761	768	776	783	791	798	805	812	820
0.056	827	834	842	849	856	863	870	878	885	892
0.057	899	906	913	920	927	935	942	949	956	963
0.058	970	977	984	991	998	*004	*011	*018	*025	*032
0.059	9.1039	046	053	060	066	073	080	087	094	100
A	C 0	1	2	3	4	5	6	7	8	9

Subtraktionslog C.

A	C 0	1	2	3	4	5	6	7	8	9
0.060	9.1107	14	21	27	34	41	47	54	61	67
0.061	74	81	87	94	*00	*07	*14	*20	*27	*33
0.062	9.1240	46	53	59	66	72	79	85	92	98
0.063	9.1304	11	17	24	30	36	43	49	55	62
0.064	68	74	80	87	93	99	*05	*12	*18	*24
0.065	9.1430	37	43	49	55	61	67	73	80	86
0.066	92	98	*04	*10	*16	*22	*28	*34	*40	*46
0.067	9.1552	58	64	70	76	82	88	94	*00	*06
0.068	9.1612	18	23	29	35	41	47	53	59	64
0.069	70	76	82	88	93	99	*05	*11	*16	*22
0.070	9.1728	34	39	45	51	56	62	68	73	79
0.071	85	90	96	*01	*07	*13	*18	*24	*29	*35
0.072	9.1840	46	52	57	63	68	74	79	85	90
0.073	95	*01	*06	*12	*17	*23	*28	*34	*39	*44
0.074	9.1950	55	60	66	71	77	82	87	93	98
0.075	9.2003	08	14	19	24	30	35	40	45	51
0.076	56	61	66	71	77	82	87	92	97	*03
0.077	9.2108	13	18	23	28	33	39	44	49	54
0.078	59	64	69	74	79	84	89	94	99	*04
0.079	9.2209	14	19	24	29	34	39	44	49	54
0.080	59	64	69	74	79	84	89	94	99	*03
0.081	9.2308	13	18	23	28	33	37	42	47	52
0.082	57	62	66	71	76	81	86	90	95	*00
0.083	9.2405	09	14	19	23	28	33	38	42	47
0.084	52	56	61	66	70	75	80	84	89	94
0.085	98	*03	*08	*12	*17	*21	*26	*31	*35	*40
0.086	9.2544	49	53	58	62	67	72	76	81	85
0.087	90	94	99	*03	*08	*12	*17	*21	*25	*30
0.088	9.2634	39	43	48	52	57	61	65	70	74
0.089	79	83	87	92	96	*01	*05	*09	*14	*18
A	C 0	1	2	3	4	5	6	7	8	9

Subtraktionslog C.

A	C 0	1	2	3	4	5	6	7	8	9
0.090	9.2722	27	31	35	40	44	48	53	57	61
0.091	66	70	74	78	83	87	91	95	*00	*04
0.092	9.2808	12	17	21	25	29	33	38	42	46
0.093	50	54	59	63	67	71	75	79	84	88
0.094	92	96	*00	*04	*08	*13	*17	*21	*25	*29
0.095	9.2933	37	41	45	49	53	58	62	66	70
0.096	74	78	82	86	90	94	98	*02	*06	*10
0.097	9.3014	18	22	26	30	34	38	42	46	50
0.098	54	58	62	65	69	73	77	81	85	89
0.099	93	97	*01	*05	*08	*12	*16	*20	*24	*28
0.100	9.3132	36	40	43	47	51	55	59	62	66
0.101	70	74	78	81	85	89	93	97	*00	*04
0.102	9.3208	12	16	19	23	27	31	35	38	42
0.103	46	50	53	57	61	65	68	72	76	79
0.104	83	87	90	94	98	*02	*05	*09	*13	*16
0.105	9.3320	24	27	31	34	38	42	45	49	52
0.106	56	60	63	67	70	74	78	81	85	88
0.107	92	96	99	*03	*06	*10	*14	*17	*21	*24
0.108	9.3428	32	35	39	42	46	49	53	56	60
0.109	63	67	70	74	77	81	84	88	91	95
0.110	98	*01	*05	*08	*12	*15	*18	*22	*25	*29
0.111	9.3532	35	39	42	46	49	52	56	59	63
0.112	66	69	73	76	80	83	86	90	93	97
0.113	9.3600	03	07	10	14	17	20	24	27	31
0.114	34	37	41	44	47	51	54	57	60	64
0.115	67	70	74	77	80	84	87	90	93	97
0.116	9.3700	03	06	10	13	16	19	22	26	29
0.117	32	35	38	42	45	48	51	54	58	61
0.118	64	67	70	74	77	80	83	86	90	93
0.119	96	99	*02	*06	*09	*12	*15	*18	*22	*25
A	C 0	1	2	3	4	5	6	7	8	9

Subtraktionslog C.

A	C 0	1	2	3	4	5	6	7	8	9
0.120	9 3828	31	34	37	40	44	47	50	53	56
0.121	59	62	65	68	71	75	78	81	84	87
0.122	90	93	96	99	*02	*06	*09	*12	*15	*18
0.123	9.3921	24	27	30	33	36	39	42	45	48
0.124	51	54	57	60	63	66	69	72	75	78
0.125	81	84	87	90	93	96	99	*02	*05	*08
0 126	9.4011	14	17	20	23	26	29	32	35	38
0.127	41	44	47	50	53	55	58	61	64	67
0.128	70	73	76	79	82	85	87	90	93	96
0 129	99	*02	*05	*08	*11	*14	*17	*19	*22	*25
0.130	9 4128	31	34	36	39	42	45	48	50	53
0.131	56	59	62	65	68	71	73	76	79	82
0.132	85	88	91	93	96	99	*02	*05	*07	*10
0.133	9 4213	16	18	21	24	27	29	32	35	37
0.134	40	43	46	48	51	54	57	60	62	65
0 135	68	71	73	76	79	82	84	87	90	92
0 136	95	98	*00	*03	*06	*09	*11	*14	*17	*19
0.137	9.4322	25	27	30	33	36	38	41	44	46
0.138	49	52	54	57	60	63	65	68	71	73
0.139	76	79	81	84	86	89	92	94	97	99
0.140	9 4402	05	07	10	12	15	18	20	23	25
0.141	28	31	33	36	39	41	44	46	49	51
0 142	54	57	59	62	65	67	70	72	75	77
0 143	80	83	85	88	91	93	96	98	*01	*03
0.144	9 4506	09	11	14	16	19	21	24	26	29
0.145	31	34	36	39	41	44	46	49	51	54
0.146	56	59	61	64	66	69	71	74	76	79
0.147	81	84	86	89	91	94	96	99	*01	*04
0 148	9.4606	08	11	13	16	18	20	23	25	28
0.149	30	33	35	37	39	42	45	47	50	52
A	C 0	1	2	3	4	5	6	7	8	9

Subtraktionslog C.

A	C 0	1	2	3	4	5	6	7	8	9
0.150	9.4655	57	60	62	65	67	69	72	74	77
0.151	79	81	84	86	89	91	93	96	98	*01
0.152	9.4703	05	08	10	13	15	17	20	22	25
0.153	27	29	32	34	36	39	41	43	45	48
0.154	50	52	55	57	59	62	64	66	68	71
0.155	73	75	78	80	82	85	87	89	91	94
0.156	97	99	*02	*04	*06	*09	*11	*13	*15	*18
0.157	9.4820	22	25	27	29	32	34	36	38	41
0.158	43	45	47	50	52	54	56	58	61	63
0.159	65	67	70	72	74	77	79	81	83	86
0.160	88	90	92	95	97	99	*01	*03	*06	*08
0.161	9.4910	12	14	17	19	21	23	25	28	30
0.162	32	34	36	39	41	43	45	47	50	52
0.163	54	56	58	61	63	65	67	69	72	74
0.164	76	78	80	82	84	87	89	91	93	96
0.165	98	*00	*02	*04	*06	*09	*11	*13	*15	*18
0.166	9.5020	22	24	26	28	31	33	35	37	39
0.167	41	43	45	47	49	51	54	56	58	60
0.168	62	64	66	68	70	72	74	77	79	81
0.169	83	85	87	89	91	93	95	97	*00	*02
0.170	9.5104	06	08	10	12	14	16	18	20	23
0.171	25	27	29	31	33	35	37	39	41	43
0.172	46	48	50	52	54	56	58	60	62	64
0.173	66	68	70	72	74	76	79	81	83	85
0.174	87	89	91	93	95	97	99	*01	*03	*05
0.175	9.5207	09	11	13	15	17	19	21	23	25
0.176	27	29	31	33	35	37	39	41	43	45
0.177	47	49	51	53	55	57	59	61	63	65
0.178	67	69	71	73	75	77	78	80	82	84
0.179	86	88	90	92	94	96	98	*00	*02	*04
A	C 0	1	2	3	4	5	6	7	8	9

Subtraktionslog C.

A	C 0	1	2	3	4	5	6	7	8	9
0.180	9.5306	08	10	12	14	16	17	19	21	23
0.181	25	27	29	31	33	35	37	39	41	43
0.182	45	47	49	51	53	55	56	58	60	62
0.183	64	66	68	70	72	74	75	77	79	81
0.184	83	85	87	89	91	93	95	96	98	*00
0.185	9.5402	04	06	07	09	11	13	15	16	18
0.186	20	22	24	26	28	30	32	33	35	37
0.187	39	41	43	45	47	48	50	52	54	56
0.188	58	60	62	63	65	67	69	71	72	74
0.189	76	78	80	81	83	85	87	89	90	92
0.190	94	96	98	99	*01	*03	*05	*07	*08	*10
0 191	9.5512	14	16	17	19	21	23	25	26	28
0.192	30	32	34	35	37	39	41	43	44	46
0.193	48	50	52	53	55	57	59	61	62	64
0.194	66	68	70	71	73	75	77	79	80	82
0.195	84	86	88	89	91	93	95	97	98	*00
0.196	9.5602	04	05	07	09	11	12	14	16	17
0.197	19	21	22	24	26	28	29	31	33	34
0 198	36	38	40	41	43	45	47	49	50	52
0 199	54	56	57	59	61	63	64	66	68	69
0.200	71	73	74	76	78	80	81	83	85	86
0 201	88	90	91	93	95	97	98	*00	*02	*03
0.202	9.5705	07	08	10	12	14	15	17	19	20
0.203	22	24	25	27	28	30	32	33	35	36
0.204	38	40	41	43	45	47	48	50	52	53
0 205	55	57	58	60	61	63	65	66	68	69
0.206	71	73	74	76	78	80	81	83	85	86
0.207	88	90	91	93	94	96	98	99	*01	*02
0.208	9.5804	06	07	09	10	12	14	15	17	18
0.209	20	22	23	25	27	29	30	32	34	35
A	C 0	1	2	3	4	5	6	7	8	9

Subtraktionslog C.

A	C 0	1	2	3	4	5	6	7	8	9
0.210	9.5837	39	40	42	43	45	47	48	50	51
0.211	53	55	56	58	59	61	63	64	66	67
0.212	69	71	72	74	75	77	78	80	81	83
0.213	84	86	87	89	90	92	94	95	97	98
0.214	9.5900	02	03	05	06	08	10	11	13	14
0.215	16	18	19	21	22	24	25	27	28	30
0.216	31	32	34	36	37	39	41	42	44	45
0.217	47	49	50	52	53	55	56	58	59	61
0 218	62	64	65	67	68	70	72	73	75	76
0.219	78	80	81	83	84	86	87	89	90	92
0.220	93	95	96	98	99	*01	*02	*04	*05	*07
0 221	9.6008	10	11	13	14	16	17	19	20	22
0.222	23	25	26	28	29	31	32	34	35	37
0.223	38	40	41	43	44	46	47	49	50	52
0.224	53	54	56	57	59	60	61	63	64	66
0.225	67	69	70	72	73	75	76	78	79	81
0 226	82	84	85	87	88	90	91	93	94	96
0.227	97	98	*00	*01	*03	*04	*05	*07	*08	*10
0.228	9 6111	13	14	16	17	19	20	22	23	25
0.229	26	27	29	30	32	33	34	36	37	39
0.230	40	41	43	44	46	47	48	50	51	53
0.231	54	56	57	59	60	62	63	65	66	68
0.232	69	70	72	73	75	76	77	79	80	82
0.233	83	84	86	87	89	90	91	93	94	96
0.234	97	98	*00	*01	*03	*04	*05	*07	*08	*10
0.235	9 6211	12	14	15	17	18	19	21	22	24
0.236	25	26	28	29	30	32	33	34	35	37
0.237	38	39	41	42	44	45	46	48	49	51
0.238	52	53	55	56	58	59	60	62	63	65
0.239	66	67	69	70	71	73	74	75	76	78
A	C 0	1	2	3	4	5	6	7	8	9

Subtraktionslog C.

A	C 0	1	2	3	4	5	6	7	8	9
0.240	9.6279	80	82	83	85	86	87	89	90	92
0.241	93	94	96	97	98	*00	*01	*02	*03	*05
0.242	9.6306	07	09	10	12	13	14	16	17	19
0.243	20	21	23	24	25	27	28	29	30	32
0.244	33	34	36	37	38	40	41	42	43	45
0.245	46	47	49	50	51	53	54	55	56	58
0.246	59	60	62	63	65	66	67	69	70	72
0.247	73	74	76	77	78	80	81	82	83	85
0.248	86	87	88	90	91	92	93	94	96	97
0.249	98	99	*01	*02	*03	*05	*06	*07	*08	*10
0.250	9.6411	12	14	15	16	18	19	20	21	23
0.251	24	25	27	28	29	31	32	33	34	36
0.252	37	38	40	41	42	44	45	46	47	49
0.253	50	51	52	54	55	56	57	58	60	61
0.254	62	63	65	66	67	69	70	71	72	74
0.255	75	76	77	79	80	81	82	83	85	86
0.256	87	88	90	91	92	94	95	96	97	99
0.257	9.6500	01	02	04	05	06	07	08	10	11
0.258	12	13	14	16	17	18	19	20	22	23
0.259	24	25	27	28	29	31	32	33	34	36
0.260	37	38	39	41	42	43	44	45	47	48
0.261	49	50	51	53	54	55	56	57	59	60
0.262	61	62	63	65	66	67	68	69	71	72
0.263	73	74	75	77	78	79	80	81	83	84
0.264	85	86	87	89	90	91	92	93	95	96
0.265	97	98	99	*01	*02	*03	*04	*05	*07	*08
0.266	9.6609	10	11	12	13	15	16	17	18	19
0.267	20	21	22	24	25	26	27	28	30	31
0.268	32	33	34	36	37	38	39	40	42	43
0.269	44	45	46	48	49	50	51	52	54	55
A	C 0	1	2	3	4	5	6	7	8	9

Subtraktionslog C.

A	C 0	1	2	3	4	5	6	7	8	9
0.270	9.6656	57	58	59	60	62	63	64	65	66
0.271	67	68	69	71	72	73	74	75	77	78
0.272	79	80	81	82	83	85	86	87	88	89
0.273	90	91	92	93	94	96	97	98	99	*00
0.274	9.6701	02	03	05	06	07	08	09	11	12
0.275	13	14	15	16	17	19	20	21	22	23
0.276	24	25	26	27	28	30	31	32	33	34
0.277	35	36	37	39	40	41	42	43	45	46
0.278	47	48	49	50	51	53	54	55	56	57
0.279	58	59	60	61	62	64	65	66	67	68
0.280	69	70	71	72	73	75	76	77	78	79
0.281	80	81	82	83	84	86	87	88	89	90
0.282	91	92	93	94	95	97	98	99	*00	*01
0.283	9.6802	03	04	05	06	07	08	09	10	11
0.284	12	13	14	15	16	18	19	20	21	22
0.285	23	24	25	26	27	29	30	31	32	33
0.286	34	35	36	37	38	40	41	42	43	44
0.287	45	46	47	48	49	50	51	52	53	54
0.288	55	56	57	58	59	61	62	63	64	65
0.289	66	67	68	69	70	72	73	74	75	76
0.290	77	78	79	80	81	82	83	84	85	86
0.291	87	88	89	90	91	92	93	94	95	96
0.292	97	98	99	*00	*01	*03	*04	*05	*06	*07
0.293	9.6908	09	10	11	12	13	14	15	16	17
0.294	18	19	20	21	22	24	25	26	27	28
0.295	29	30	31	32	33	34	35	36	37	38
0.296	39	40	41	42	43	44	45	46	47	48
0.297	49	50	51	52	53	54	55	56	57	58
0.298	59	60	61	62	63	64	65	66	67	68
0.299	69	70	71	72	73	74	75	76	77	78
A	C 0	1	2	3	4	5	6	7	8	9

Subtraktionslog C.

A	C 0	1	2	3	4	5	6	7	8	9
0.30	9.6979	89	99	*09	*19	*29	*39	*49	*58	*68
0.31	9.7078	87	97	*06	*16	*25	*34	*44	*53	*62
0.32	9.7171	81	90	99	*08	*17	*26	*35	*44	*52
0.33	9.7261	70	79	87	96	*05	*13	*22	*30	*39
0.34	9.7347	56	64	72	81	89	97	*05	*14	*22
0.35	9.7430	38	46	54	62	70	78	85	93	*01
0.36	9.7509	17	24	32	40	47	55	62	70	77
0.37	85	92	*00	*07	*14	*22	*29	*36	*43	*50
0.38	9.7658	65	72	79	86	93	*00	*07	*14	*21
0.39	9.7728	35	41	48	55	62	69	75	82	89
0.40	95	*02	*08	*15	*21	*28	*34	*41	*47	*54
0.41	9.7860	66	73	79	85	92	98	*04	*10	*16
0.42	9.7923	29	35	41	47	53	59	65	71	77
0.43	83	89	95	*00	*06	*12	*18	*24	*29	*35
0.44	9.8041	47	52	58	64	69	75	80	86	91
0.45	97	*02	*08	*13	*19	*24	*29	*35	*40	*46
0.46	9.8151	56	61	67	72	77	82	88	93	98
0.47	9.8203	08	13	18	23	28	33	38	43	48
0.48	53	58	63	68	73	78	83	88	92	97
0.49	9.8302	07	12	16	21	26	30	35	40	44
0.50	49	54	58	63	67	72	77	81	86	90
0.51	95	99	*04	*08	*12	*17	*21	*26	*30	*34
0.52	9.8439	43	47	51	56	60	64	69	73	77
0.53	81	85	89	94	98	*02	*06	*10	*14	*18
0.54	9.8522	26	30	34	38	42	46	50	54	58
0.55	62	66	70	74	78	82	86	89	93	97
0.56	9.8601	05	08	12	16	20	23	27	31	35
0.57	38	42	46	49	53	57	60	64	67	71
0.58	75	78	82	85	89	92	96	99	*03	*06
0.59	9.8710	13	17	20	23	27	30	34	37	40
A	C 0	1	2	3	4	5	6	7	8	9

IV

Subtraktionslog C.

A	C 0	1	2	3	4	5	6	7	8	9
0.60	9 8744	47	50	54	57	60	64	67	70	74
0.61	77	80	83	86	90	93	96	99	*02	*06
0.62	9 8809	12	15	18	21	24	28	31	34	37
0.63	40	43	46	49	52	55	58	61	64	67
0.64	70	73	76	79	82	85	88	91	94	96
0.65	99	*02	*05	*08	*11	*14	*16	*19	*22	*25
0.66	9 8928	31	33	36	39	42	44	47	50	53
0.67	55	58	61	63	66	69	72	74	77	80
0.68	82	85	87	90	93	95	98	*00	*03	*06
0.69	9 9008	11	13	16	18	21	23	26	28	31
0.70	33	36	38	41	43	46	48	51	53	56
0.71	58	60	63	65	68	70	72	75	77	80
0.72	82	84	87	89	91	94	96	98	*01	*03
0.73	9 9105	07	10	12	14	16	19	21	23	25
0.74	28	30	32	34	37	39	41	43	45	47
0.75	50	52	54	56	58	60	62	65	67	69
0.76	71	73	75	77	79	81	83	86	88	90
0.77	92	94	96	98	*00	*02	*04	*06	*08	*10
0.78	9 9212	14	16	18	20	22	24	26	28	30
0.79	32	34	36	38	40	41	43	45	47	49
0.80	51	53	54	56	58	60	62	64	65	67
0.81	69	71	73	75	76	78	80	82	84	85
0.82	87	89	91	93	94	96	98	*00	*01	*03
0.83	9 9305	07	08	10	12	13	15	17	19	20
0.84	22	24	25	27	29	30	32	34	35	37
0.85	39	40	42	44	45	47	49	50	52	53
0.86	55	56	58	60	61	63	65	66	68	69
0.87	71	72	74	75	77	78	80	81	83	85
0.88	86	88	89	91	92	94	95	97	98	*00
0.89	9 9401	03	04	05	07	08	10	11	13	14
A	C 0	1	2	3	4	5	6	7	8	9

Subtraktionslog C.

A	C 0	1	2	3	4	5	6	7	8	9
0 90	9 9416	17	19	20	21	23	24	26	27	28
0 91	30	31	33	34	35	37	38	40	41	42
0.92	44	45	46	48	49	50	52	53	54	56
0 93	57	59	60	61	62	64	65	66	68	69
0 94	70	72	73	74	76	77	78	79	81	82
0 95	83	84	86	87	88	89	91	92	93	94
0.96	96	97	98	99	*01	*02	*03	*04	*05	*07
0 97	9 9508	09	10	11	13	14	15	16	17	18
0.98	20	21	22	23	24	25	27	28	29	30
0 99	31	32	33	35	36	37	38	39	40	41
1.00	42	44	45	46	47	48	49	50	51	52
1.01	53	54	56	57	58	59	60	61	62	63
1 02	64	65	66	67	68	69	70	71	72	73
1 03	75	76	77	78	79	80	81	82	83	84
1 04	85	86	87	88	89	90	91	92	93	94
1 05	95	96	97	98	98	99	*00	*01	*02	*03
1.06	9 9604	05	06	07	08	09	10	11	12	13
1 07	14	15	16	16	17	18	19	20	21	22
1 08	23	24	25	26	26	27	28	29	30	31
1.09	32	33	34	34	35	36	37	38	39	40
1.1	41	49	57	65	73	81	89	96	*03	*10
1.2	9 9717	24	30	36	43	49	55	60	66	71
1.3	77	82	87	92	97	*02	*06	*11	*15	*19
1 4	9 9824	28	32	36	39	43	47	50	54	57
1.5	60	64	67	70	73	76	79	82	84	87
1 6	90	92	95	97	99	*02	*04	*06	*08	*10
1 7	9 9912	14	16	18	20	22	24	26	27	29
1.8	31	32	34	35	37	38	40	41	42	44
1.9	45	46	47	49	50	51	52	53	54	55
2.	56	65	73	78	83	86	89	91	93	95
3.	96	97	97	98	98	99	99	99	99	99
A	C 0	1	2	3	4	5	6	7	8	9

V

Natürliche Logarithmen der Zahlen 1 bis 10000

Die **Tafel** (*A*) **gibt unmittelbar die natürlichen Logarithmen der Zahlen 1 bis 100.**

Die natürlichen Logarithmen der übrigen Zahlen findet man mit Hilfe der Tafel (*B*) aus ihren dekadischen Logarithmen nach der Formel

$$\log \text{nat}\ x = \frac{1}{M} \log_{10} x,$$

wo $M = \log_{10} e = \log 2.7182818 = 0.4342945$ ist. Umgekehrt gestattet die Tafel (*C*) die Berechnung der dekadischen Logarithmen aus ihren natürlichen nach der Formel

$$\log_{10} x = M \cdot \log \text{nat}\ x.$$

Beispiele:

Geg. $\log_{10} x = 0.7978$	Geg. log. nat $x = 1.8370$
$0{,}7 : M = 1.6118^{1}$	$1 \cdot M = 0.4342^{9}$
$0{,}09 : M = 0.2072^{3}$	$0{,}8 \cdot M = 0.3474^{4}$
$0{,}007 : M = 0.0161^{1}$	$0{,}03 \cdot M = 0.0130^{3}$
$0{,}0008 : M = 0.0018^{4}$	$0{,}007 \cdot M = 0.0030^{4}$
log nat $x = 1.8370$	$\log_{10} x = 0.7978$

V

(A)

Zahl	Log. nat.	Zahl	Log. nat.	Zahl	Log. nat.	Zahl	Log. nat.	Zahl	Log nat
1	0.0000	21	3.0445	41	3.7136	61	4.1109	81	4.3944
2	0.6931	22	3.0910	42	3.7377	62	4.1271	82	4.4067
3	1.0986	23	3.1355	43	3.7612	63	4.1431	83	4.4188
4	1.3863	24	3.1781	44	3.7842	64	4.1589	84	4.4308
5	1.6094	25	3.2189	45	3.8067	65	4.1744	85	4.4427
6	1.7918	26	3.2581	46	3.8286	66	4.1897	86	4.4543
7	1.9459	27	3.2958	47	3.8501	67	4.2047	87	4.4659
8	2.0794	28	3.3322	48	3.8712	68	4.2195	88	4.4773
9	2.1972	29	3.3673	49	3.8918	69	4.2341	89	4.4886
10	2.3026	30	3.4012	50	3.9120	70	4.2485	90	4.4998
11	2.3979	31	3.4340	51	3.9318	71	4.2627	91	4.5109
12	2.4849	32	3.4657	52	3.9512	72	4.2767	92	4.5218
13	2.5649	33	3.4965	53	3.9703	73	4.2905	93	4.5326
14	2.6391	34	3.5264	54	3.9890	74	4.3041	94	4.5433
15	2.7081	35	3.5553	55	4.0073	75	4.3175	95	4.5539
16	2.7726	36	3.5835	56	4.0254	76	4.3307	96	4.5643
17	2.8332	37	3.6109	57	4.0431	77	4.3438	97	4.5747
18	2.8904	38	3.6376	58	4.0604	78	4.3567	98	4.5850
19	2.9444	39	3.6636	59	4.0775	79	4.3694	99	4.5951
20	2.9957	40	3.6889	60	4.0943	80	4.3820	100	4.6052

(B)		(C)	
n	n M	n	n · M
1	2.3025 85	1	0.4342 94
2	4.6051 70	2	0.8685 89
3	6.9077 55	3	1.3028 83
4	9.2103 40	4	1.7371 78
5	11.5129 25	5	2.1714 72
6	13.8155 11	6	2.6057 67
7	16.1180 96	7	3.0400 61
8	18.4206 81	8	3.4743 56
9	20.7232 66	9	3.9086 50
10	23.0258 51	10	4.3429 45

VI

Quadrate und Quadratwurzeln

Für jede Stelle, die das Komma in n weiter links (rechts) steht, muß es in n^2 zwei Stellen nach links (rechts) gerückt werden (und umgekehrt).

Beispiele: $1{,}67^2 \approx 2{,}789$ $\sqrt{1{,}464} \approx 1{,}21$ $\sqrt{14{,}64} = 3{,}826$

$16{,}7^2 \approx 278{,}9$ $\sqrt{146{,}4} \approx 12{,}1$ $\underline{49}$

$167^2 \approx 27890$ $5:8$

n	0	1	2	3	4	5	6	7	8	9	D
1,0	1,000	1,020	1,040	1,061	1,082	1,103	1,124	1,145	1,166	1,188	22
1,1	1,210	1,232	1,254	1,277	1,300	1,323	1,346	1,369	1,392	1,416	24
1,2	1,440	1,464	1,488	1,513	1,538	1,563	1,588	1,613	1,638	1,664	26
1,3	1,690	1,716	1,742	1,769	1,796	1,823	1,850	1,877	1,904	1,932	28
1,4	1,960	1,998	2,016	2,045	2,074	2,103	2,132	2,161	2,190	2,220	30
1,5	2,250	2,280	2,310	2,341	2,372	2,403	2,434	2,465	2,496	2,528	32
1,6	2,560	2,592	2,624	2,657	2,690	2,723	2,756	2,789	2,822	2,856	34
1,7	2,890	2,924	2,958	2,993	3,028	3,063	3,098	3,133	3,168	3,204	36
1,8	3,240	3,276	3,312	3,349	3,386	3,423	3,460	3,497	3,534	3,572	38
1,9	3,610	3,648	3,686	3,725	3,764	3,803	3,842	3,881	3,920	3,960	40

VI. Quadratzahlen.

n	0	1	2	3	4	5	6	7	8	9	D
2,0	4,000	4,040	4,080	4,121	4,162	4,203	4,244	4,285	4,326	4,368	42
2,1	4,410	4,452	4,494	4,537	4,580	4,623	4,666	4,709	4,752	4,796	44
2,2	4,840	4,884	4,928	4,973	5,018	5,063	5,108	5,153	5,198	5,244	46
2,3	5,290	5,336	5,382	5,429	5,476	5,523	5,570	5,617	5,664	5,712	48
2,4	5,760	5,808	5,856	5,905	5,954	6,003	6,052	6,101	6,150	6,200	50
2,5	6,250	6,300	6,350	6,401	6,452	6,503	6,554	6,605	6,656	6,708	52
2,6	6,760	6,812	6,864	6,917	6,970	7,023	7,076	7,129	7,182	7,236	54
2,7	7,290	7,344	7,398	7,453	7,508	7,563	7,618	7,673	7,728	7,784	56
2,8	7,840	7,896	7,952	8,009	8,066	8,123	8,180	8,237	8,294	8,352	58
2,9	8,410	8,468	8,526	8,585	8,644	8,703	8,762	8,821	8,880	8,940	60
3,0	9,000	9,060	9,120	9,181	9,242	9,303	9,364	9,425	9,486	9,548	62
3,1	9,610	9,672	9,734	9,797	9,860	9,923	9,986	10,05	10,11	10,18	6
3,2	10,24	10,30	10,37	10,43	10,50	10,56	10,63	10,69	10,76	10,82	7
3,3	10,89	10,96	11,02	11,09	11,16	11,22	11,29	11,36	11,42	11,49	7
3,4	11,56	11,63	11,70	11,76	11,83	11,90	11,97	12,04	12,11	12,18	7
3,5	12,25	12,32	12,39	12,46	12,53	12,60	12,67	12,74	12,82	12,89	7
3,6	12,96	13,03	13,10	13,18	13,25	13,32	13,40	13,47	13,54	13,62	7
3,7	13,69	13,76	13,84	13,91	13,99	14,06	14,14	14,21	14,29	14,36	8
3,8	14,44	14,52	14,59	14,67	14,75	14,82	14,90	14,98	15,05	15,13	8
3,9	15,21	15,29	15,37	15,44	15,52	15,60	15,68	15,76	15,84	15,92	8

VI. Quadratzahlen.

n	0	1	2	3	4	5	6	7	8	9	D
4,0	16,00	16,08	16,16	16,24	16,32	16,40	16,48	16,56	16,65	16,73	8
4,1	16,81	16,89	16,97	17,06	17,14	17,22	17,31	17,39	17,47	17,56	8
4,2	17,64	17,72	17,81	17,89	17,98	18,06	18,15	18,23	18,32	18,40	9
4,3	18,49	18,58	18,66	18,75	18,84	18,92	19,01	19,10	19,18	19,27	9
4,4	19,36	19,45	19,54	19,62	19,71	19,80	19,89	19,98	20,07	20,16	9
4,5	20,25	20,34	20,43	20,52	20,61	20,70	20,79	20,88	20,98	21,07	9
4,6	21,16	21,25	21,34	21,44	21,53	21,62	21,72	21,81	21,90	22,00	9
4,7	22,09	22,18	22,28	22,37	22,47	22,56	22,66	22,75	22,85	22,94	10
4,8	23,04	23,14	23,23	23,33	23,43	23,52	23,62	23,72	23,81	23,91	10
4,9	24,01	24,11	24,21	24,30	24,40	24,50	24,60	24,70	24,80	24,90	10
5,0	25,00	25,10	25,20	25,30	25,40	25,50	25,60	25,70	25,81	25,91	10
5,1	26,01	26,11	26,21	26,32	26,42	26,52	26,63	26,73	26,83	26,94	10
5,2	27,04	27,14	27,25	27,35	27,46	27,56	27,67	27,77	27,88	27,98	11
5,3	28,09	28,20	28,30	28,41	28,52	28,62	28,73	28,84	28,94	29,05	11
5,4	29,16	29,27	29,38	29,48	29,59	29,70	29,81	29,92	30,03	30,14	11
5,5	30,25	30,36	30,47	30,58	30,69	30,80	30,91	31,02	31,14	31,25	11
5,6	31,36	31,47	31,58	31,70	31,81	31,92	32,04	32,15	32,26	32,38	11
5,7	32,49	32,60	32,72	32,83	32,95	33,06	33,18	33,29	33,41	33,52	12
5,8	33,64	33,76	33,87	33,99	34,11	34,22	34,34	34,46	34,57	34,69	12
5,9	34,81	34,93	35,05	35,16	35,28	35,40	35,52	35,64	35,76	35,88	12

VI. Quadratzahlen.

n	0	1	2	3	4	5	6	7	8	9	D
6,0	36,00	36,12	36,24	36,36	36,48	36,60	36,72	36,84	36,97	37,09	12
6,1	37,21	37,33	37,45	37,58	37,70	37,82	37,95	38,07	38,19	38,32	12
6,2	38,44	38,56	38,69	38,81	38,94	39,06	39,19	39,31	39,44	39,56	13
6,3	39,69	39,82	39,94	40,07	40,20	40,32	40,45	40,58	40,70	40,83	13
6,4	40,96	41,09	41,22	41,34	41,47	41,60	41,73	41,86	41,99	42,12	13
6,5	42,25	42,38	42,51	42,64	42,77	42,90	43,03	43,16	43,30	43,43	13
6,6	43,56	43,69	43,82	43,96	44,09	44,22	44,36	44,49	44,62	44,76	13
6,7	44,89	45,02	45,16	45,29	45,43	45,56	45,70	45,83	45,97	46,10	14
6,8	46,24	46,38	46,51	46,65	46,79	46,92	47,06	47,20	47,33	47,47	14
6,9	47,61	47,75	47,89	48,02	48,16	48,30	48,44	48,58	48,72	48,86	14
7,0	49,00	49,14	49,28	49,42	49,56	49,70	49,84	49,98	50,13	50,27	14
7,1	50,41	50,55	50,69	50,84	50,98	51,12	51,27	51,41	51,55	51,70	14
7,2	51,84	51,98	52,13	52,27	52,42	52,56	52,71	52,8[illegible]	53,00	53,14	15
7,3	53,29	53,44	53,58	53,73	53,88	54,02	54,17	54,32	54,46	54,61	15
7,4	54,76	54,91	55,06	55,20	55,35	55,50	55,65	55,80	55,95	56,10	15
7,5	56,25	56,40	56,55	56,70	56,85	57,00	57,15	57,30	57,46	57,61	15
7,6	57,76	57,91	58,06	58,22	58,37	58,52	58,68	58,83	58,98	59,14	15
7,7	59,29	59,44	59,60	59,75	59,91	60,06	60,22	60,37	60,53	60,68	16
7,8	60,84	61,00	61,15	61,31	61,47	61,62	61,78	61,94	62,09	62,25	16
7,9	62,41	62,57	62,73	62,88	63,04	63,20	63,36	63,52	63,68	63,84	16

VI. Quadratzahlen.

n	0	1	2	3	4	5	6	7	8	9	D
8,0	64,00	64,16	64,32	64,48	64,64	64,80	64,96	65,12	65,29	65,45	16
8,1	65,61	65,77	65,93	66,10	66,26	66,42	66,59	66,75	66,91	67,08	16
8,2	67,24	67,40	67,57	67,73	67,90	68,06	68,23	68,39	68,56	68,72	17
8,3	68,89	69,06	69,22	69,39	69,56	69,72	69,89	70,06	70,22	70,39	17
8,4	70,56	70,73	70,90	71,06	71,23	71,40	71,57	71,74	71,91	72,08	17
8,5	72,25	72,42	72,59	72,76	72,93	73,10	73,27	73,44	73,62	73,79	17
8,6	73,96	74,13	74,30	74,48	74,65	74,82	75,00	75,17	75,34	75,52	17
8,7	75,69	75,86	76,04	76,21	76,39	76,56	76,74	76,91	77,09	77,26	18
8,8	77,44	77,62	77,79	77,97	78,15	78,32	78,50	78,68	78,85	79,03	18
8,9	79,21	79,39	79,57	79,74	79,92	80,10	80,28	80,46	80,64	80,82	18
9,0	81,00	81,18	81,36	81,54	81,72	81,90	82,08	82,26	82,45	82,63	18
9,1	82,81	82,99	83,17	83,36	83,54	83,72	83,91	84,09	84,27	84,46	18
9,2	84,64	84,82	85,01	85,19	85,38	85,56	85,75	85,93	86,12	86,30	19
9,3	86,49	86,68	86,86	87,05	87,24	87,42	87,61	87,80	87,98	88,17	19
9,4	88,36	88,55	88,74	88,92	89,11	89,30	89,49	89,68	89,87	90,06	19
9,5	90,25	90,44	90,63	90,82	91,01	91,20	91,39	91,58	91,78	91,97	19
9,6	92,16	92,35	92,54	92,74	92,93	93,12	93,32	93,51	93,70	93,90	19
9,7	94,09	94,28	94,48	94,67	94,87	95,06	95,26	95,45	95,65	95,84	20
9,8	96,04	96,24	96,43	96,63	96,83	97,02	97,22	97,42	97,61	97,81	20
9,9	98,01	98,21	98,41	98,60	98,80	99,00	99,20	99,40	99,60	99,80	20

VII

Kuben und Kubikwurzeln

Für jede Stelle, die das Komma in n weiter links (rechts) steht, muß es in n^3 drei Stellen nach links (rechts) gerückt werden (und umgekehrt).

Beispiele: $1{,}67^3 \approx 4{,}657$ $\quad \sqrt[3]{1{,}772} \approx 1{,}21$ $\quad \sqrt[3]{17{,}72} \approx 2{,}607$

$16{,}7^3 \approx 4657$ $\quad \sqrt[3]{1772} \approx 12{,}1$ $\quad \frac{58}{14} : 20$

$167^3 \approx 4657 \cdot 10^3$

n	0	1	2	3	4	5	6	7	8	9	D
1,0	1,000	1,030	1,061	1,093	1,125	1,158	1,191	1,225	1,260	1,295	36
1,1	1,331	1,368	1,405	1,443	1,482	1,521	1,561	1,602	1,643	1,685	43
1,2	1,728	1,772	1,816	1,861	1,907	1,953	2,000	2,048	2,097	2,147	50
1,3	2,197	2,248	2,300	2,353	2,406	2,460	2,515	2,571	2,628	2,686	58
1,4	2,744	2,803	2,863	2,924	2,986	3,049	3,112	3,177	3,242	3,308	67
1,5	3,375	3,443	3,512	3,582	3,652	3,724	3,796	3,870	3,944	4,020	76
1,6	4,096	4,173	4,252	4,331	4,411	4,492	4,574	4,657	4,742	4,827	86
1,7	4,913	5,000	5,088	5,178	5,268	5,359	5,452	5,545	5,640	5,735	97
1,8	5,832	5,930	6,029	6,128	6,230	6,332	6,435	6,539	6,645	6,751	108
1,9	6,859	6,968	7,078	7,189	7,301	7,415	7,530	7,645	7,762	7,881	119

VII. Kubikzahlen.

n	0	1	2	3	4	5	6	7	8	9	D
2,0	8,000	8,121	8,242	8,365	8,490	8,615	8,742	8,870	8,999	9,129	132
2,1	9,261	9,394	9,528	9,664	9,800	9,938	10,08	10,22	10,36	10,50	15
2 2	10,65	10,79	10,94	11,09	11,24	11,39	11,54	11,70	11,85	12,01	16
2 3	12,17	12,33	12,49	12,65	12,81	12,98	13,14	13,31	13,48	13,65	17
2,4	13,82	14,00	14,17	14,35	14,53	14,71	14,89	15,07	15,25	15,44	19
2,5	15,63	15,81	16,00	16,19	16,39	16,58	16,78	16,97	17,17	17,37	21
2,6	17,58	17,78	17,98	18,19	18,40	18,61	18,82	19,03	19,25	19,47	21
2,7	19,68	19,90	20,12	20,35	20,57	20,80	21,02	21,24	21,48	21,72	23
2,8	21,95	22,19	22,43	22,67	22,91	23,15	23,39	23,64	23,89	24,14	25
2,9	24,39	24,64	24,90	25,15	25,41	25,67	25,93	26,20	26,46	26,73	27
3,0	27,00	27,27	27,54	27,82	28,09	28,37	28,65	28,93	29,22	29,50	29
3,1	29,79	30,08	30,37	30,66	30,96	31,26	31,55	31,86	32,16	32,46	31
3,2	32,77	33,08	33,39	33,70	34,01	34,33	34,65	34,97	35,29	35,61	33
3,3	35,94	36,26	36,59	36,93	37,26	37,60	37,93	38,27	38,61	38,96	34
3,4	39,30	39,65	40,00	40,35	40,71	41,06	41,42	41,78	42,14	42,51	37
3,5	42,88	43,24	43,61	43,99	44,36	44,74	45,12	45,50	45,88	46,27	39
3,6	46,66	47,05	47,44	47,83	48,23	48,63	49,03	49,43	49,84	50,24	41
3,7	50,65	51,06	51,48	51,90	52,31	52,73	53,16	53,58	54,01	54,44	43
3,8	54,87	55,31	55,74	56,18	56,62	57,07	57,51	57,96	58,41	58,86	46
3,9	59,32	59,78	60,24	60,70	61,16	61,63	62,10	62,57	63,04	63,52	48

VII. Kubikzahlen.

n	0	1	2	3	4	5	6	7	8	9	D
4,0	64,00	64,48	64,96	65,45	65,94	66,43	66,92	67,42	67,92	68,42	50
4,1	68,92	69,43	69,93	70,44	70,96	71,47	71,99	72,51	73,03	73,56	53
4,2	74,09	74,62	75,15	75,69	76,23	76,77	77,31	77,85	78,40	78,95	56
4,3	79,51	80,06	80,62	81,18	81,75	82,31	82,88	83,45	84,03	84,60	58
4,4	85,18	85,77	86,35	86,94	87,53	88,12	88,72	89,31	89,92	90,52	61
4,5	91,13	91,73	92,35	92,96	93,58	94,20	94,82	95,44	96,07	96,70	64
4,6	97,34	97,97	98,61	99,25	99,90	100,5	101,2	101,8	102,5	103,2	6
4,7	103,8	104,5	105,2	105,8	106,5	107,2	107,9	108,5	109,2	109,9	7
4,8	110,6	111,3	112,0	112,7	113,4	114,1	114,8	115,5	116,2	116,9	7
4,9	117,6	118,4	119,1	119,8	120,6	121,3	122,0	122,8	123,5	124,3	7
5,0	125,0	125,8	126,5	127,3	128,0	128,8	129,6	130,3	131,1	131,9	8
5,1	132,7	133,4	134,2	135,0	135,8	136,6	137,4	138,2	139,0	139,8	8
5,2	140,6	141,4	142,2	143,1	143,9	144,7	145,5	146,4	147,2	148,0	9
5,3	148,9	149,7	150,6	151,4	152,3	153,1	154,0	154,9	155,7	156,6	9
5,4	157,5	158,3	159,2	160,1	161,0	161,9	162,8	163,7	164,6	165,5	9
5,5	166,4	167,3	168,2	169,1	170,0	171,0	171,9	172,8	173,7	174,7	9
5,6	175,6	176,6	177,5	178,5	179,4	180,4	181,3	182,3	183,3	184,2	10
5,7	185,2	186,2	187,1	188,1	189,1	190,1	191,1	192,1	193,1	194,1	10
5,8	195,1	196,1	197,1	198,2	199,2	200,2	201,2	202,3	203,3	204,3	11
5,9	205,4	206,4	207,5	208,5	209,6	210,6	211,7	212,8	213,8	214,9	11

VII. Kubikzahlen.

n	0	1	2	3	4	5	6	7	8	9	D
6,0	216,0	217,1	218,2	219,3	220,3	221,4	222,5	223,6	224,8	225,9	11
6,1	227,0	228,1	229,2	230,3	231,5	232,6	233,7	234,9	236,0	237,2	11
6,2	238,3	239,5	240,6	241,8	243,0	244,1	245,3	246,5	247,7	248,9	11
6,3	250,0	251,2	252,4	253,6	254,8	256,0	257,3	258,5	259,7	260,9	12
6,4	262,1	263,4	264,6	265,8	267,1	268,3	269,6	270,8	272,1	273,4	12
6,5	274,6	275,9	277,2	278,4	279,7	281,0	282,3	283,6	284,9	286,2	13
6,6	287,5	288,8	290,1	291,4	292,8	294,1	295,4	296,7	298,1	299,4	14
6,7	300,8	302,1	303,5	304,8	306,2	307,5	308,9	310,3	311,7	313,0	14
6,8	314,4	315,8	317,2	318,6	320,0	321,4	322,8	324,2	325,7	327,1	14
6,9	328,5	329,9	331,4	332,8	334,3	335,7	337,2	338,6	340,1	341,5	15
7,0	343,0	344,5	345,9	347,4	348,9	350,4	351,9	353,4	354,9	356,4	15
7,1	357,9	359,4	360,9	362,5	364,0	365,5	367,1	368,6	370,1	371,7	15
7,2	373,2	374,8	376,4	377,9	379,5	381,1	382,7	384,2	385,8	387,4	16
7,3	389,0	390,6	392,2	393,8	395,4	397,1	398,7	400,3	401,9	403,6	16
7,4	405,2	406,9	408,5	410,2	411,8	413,5	415,2	416,8	418,5	420,2	17
7,5	421,9	423,6	425,3	427,0	428,7	430,4	432,1	433,8	435,5	437,2	18
7,6	439,0	440,7	442,5	444,2	445,9	447,7	449,5	451,2	453,0	454,8	17
7,7	456,5	458,3	460,1	461,9	463,7	465,5	467,3	469,1	470,9	472,7	19
7,8	474,6	476,4	478,2	480,0	481,9	483,7	485,6	487,4	489,3	491,2	18
7,9	493,0	494,9	496,8	498,7	500,6	502,5	504,4	506,3	508,2	510,1	19

VII. Kubikzahlen.

n	0	1	2	3	4	5	6	7	8	9	D
8,0	512,0	513,9	515,8	517,8	519,7	521,7	523,6	525,6	527,5	529,5	19
8,1	531,4	533,4	535,4	537,4	539,4	541,3	543,3	545,3	547,3	549,4	20
8,2	551,4	553,4	555,4	557,4	559,5	561,5	563,6	565,6	567,7	569,7	21
8,3	571,8	573,9	575,9	578,0	580,1	582,2	584,3	586,4	588,5	590,6	21
8,4	592,7	594,8	596,9	599,1	601,2	603,4	605,5	607,6	609,8	612,0	21
8,5	614,1	616,3	618,5	620,7	622,8	625,0	627,2	629,4	631,6	633,8	23
8,6	636,1	638,3	640,5	642,7	645,0	647,2	649,5	651,7	654,0	656,2	23
8,7	658,5	660,8	663,1	665,3	667,6	669,9	672,2	674,5	676,8	679,2	23
8,8	681,5	683,8	686,1	688,5	690,8	693,2	695,5	697,9	700,2	702,6	24
8,9	705,0	707,3	709,7	712,1	714,5	716,9	719,3	721,7	724,2	726,6	24
9,0	729,0	731,4	733,9	736,3	738,8	741,2	743,7	746,1	748,6	751,1	25
9,1	753,6	756,1	758,6	761,0	763,6	766,1	768,6	771,1	773,6	776,2	25
9,2	778,7	781,2	783,8	786,3	788,9	791,5	794,0	796,6	799,2	801,8	26
9,3	804,4	807,0	809,6	812,2	814,8	817,4	820,0	822,7	825,3	827,9	27
9,4	830,6	833,2	835,9	838,6	841,2	843,9	846,6	849,3	852,0	854,7	27
9,5	857,4	860,1	862,8	865,5	868,3	871,0	873,7	876,5	879,2	882,0	27
9,6	884,7	887,5	890,3	893,1	895,8	898,6	901,4	904,2	907,0	909,9	28
9,7	912,7	915,5	918,3	921,2	924,0	926,9	929,7	932,6	935,4	938,3	29
9,8	941,2	944,1	947,0	949,9	952,8	955,7	958,6	961,5	964,4	967,4	29
9,9	970,3	973,2	976,2	979,1	982,1	985,1	988,0	991,0	994,0	997,0	30

VIII

Zahlenwerte der trigonometrischen Funktionen

VIII

Sinus.

0° bis 30°.

Grad	0′	10′	20′	30′	40′	50′	60′	
0	0.0000	029	058	087	116	145	175	89
1	175	204	233	262	291	320	349	88
2	349	378	407	436	465	494	523	87
3	523	552	582	611	640	669	698	86
4	698	727	756	785	814	843	872	85
5	872	901	930	958	987	*016	*045	84
6	0.1045	074	103	132	161	190	219	83
7	219	248	276	305	334	363	392	82
8	392	421	449	478	507	536	564	81
9	564	593	622	650	679	708	736	80
10	736	765	794	822	851	880	908	79
11	908	937	965	994	*022	*051	*079	78
12	0.2079	108	136	164	193	221	250	77
13	250	278	306	334	363	391	419	76
14	419	447	476	504	532	560	588	75
15	588	616	644	672	700	728	756	74
16	756	784	812	840	868	896	924	73
17	924	952	979	*007	*035	*063	*090	72
18	0.3090	118	145	173	201	228	256	71
19	256	283	311	338	365	393	420	70
20	420	448	475	502	529	556	584	69
21	584	611	638	665	692	719	746	68
22	746	773	800	827	854	881	907	67
23	907	934	961	987	*014	*041	*067	66
24	0.4067	094	120	147	173	200	226	65
25	226	253	279	305	331	358	384	64
26	384	410	436	462	488	514	540	63
27	540	566	592	617	643	669	695	62
28	695	720	746	772	797	823	848	61
29	848	874	899	924	950	975	*000	60
	60′	50′	40′	30′	20′	10′	0′	Grad

60° bis 90°.

Kosinus.

VIII

Tangens.

0° bis 30°.

Grad	0′	10′	20′	30′	40′	50′	60′	
0	0.0000	029	058	087	116	146	175	89
1	175	204	233	262	291	320	349	88
2	349	378	408	437	466	495	524	87
3	524	553	582	612	641	670	699	86
4	699	729	758	787	816	846	875	85
5	875	904	934	963	992	*022	*051	84
6	0.1051	081	110	139	169	198	228	83
7	228	257	287	317	346	376	405	82
8	405	435	465	495	524	554	584	81
9	584	614	644	673	703	733	763	80
10	763	793	823	853	884	914	944	79
11	944	974	*004	*035	*065	*095	*126	78
12	0.2126	156	186	217	248	278	309	77
13	309	339	370	401	432	462	493	76
14	493	524	555	586	617	648	679	75
15	679	711	742	773	805	836	867	74
16	867	899	931	962	994	*026	*057	73
17	0.3057	089	121	153	185	217	249	72
18	249	281	314	346	378	411	443	71
19	443	476	509	541	574	607	640	70
20	640	673	706	739	772	805	839	69
21	839	872	906	939	973	*007	*040	68
22	0.4040	074	108	142	176	211	245	67
23	245	279	314	348	383	418	452	66
24	452	487	522	557	592	628	663	65
25	663	699	734	770	806	841	877	64
26	877	913	950	986	*022	*059	*095	63
27	0.5095	132	169	206	243	280	317	62
28	317	355	392	430	467	505	543	61
29	543	581	619	658	696	735	774	60
	60′	50′	40′	30′	20′	10′	0′	Grad

60° bis 90°.

Kotangens.

VIII

Sinus.

30° bis 60°.

Grad	0′	10′	20′	30′	40′	50′	60′	
30	0.5000	025	050	075	100	125	150	59
31	150	175	200	225	250	275	299	58
32	299	324	348	373	398	422	446	57
33	446	471	495	519	544	568	592	56
34	592	616	640	664	688	712	736	55
35	736	760	783	807	831	854	878	54
36	878	901	925	948	972	995	*018	53
37	0.6018	041	065	088	111	134	157	52
38	157	180	202	225	248	271	293	51
39	293	316	338	361	383	406	428	50
40	428	450	472	494	517	539	561	49
41	561	583	604	626	648	670	691	48
42	691	713	734	756	777	799	820	47
43	820	841	862	884	905	926	947	46
44	947	968	988	*009	*030	*051	*071	45
45	0.7071	092	112	133	153	173	193	44
46	193	214	234	254	274	294	314	43
47	314	333	353	373	392	412	431	42
48	431	451	470	490	509	528	547	41
49	547	566	585	604	623	642	660	40
50	660	679	698	716	735	753	771	39
51	771	790	808	826	844	862	880	38
52	880	898	916	934	951	969	986	37
53	986	*004	*021	*039	*056	*073	*090	36
54	0.8090	107	124	141	158	175	192	35
55	192	208	225	241	258	274	290	34
56	290	307	323	339	355	371	387	33
57	387	403	418	434	450	465	480	32
58	480	496	511	526	542	557	572	31
59	572	587	601	616	631	646	660	30
	60′	50′	40′	30′	20′	10′	0′	Grad

30° bis 60°.

Kosinus.

VIII

Tangens.

30° bis 60°.

Grad	0′	10′	20′	30′	40′	50′	60′	
30	0.5774	812	851	890	930	969	*009	59
31	0.6009	048	088	128	168	208	249	58
32	249	289	330	371	412	453	494	57
33	494	536	577	619	661	703	745	56
34	745	788	830	873	916	959	*002	55
35	0.7002	046	089	133	177	221	265	54
36	265	310	355	400	445	490	536	53
37	536	581	627	673	720	766	813	52
38	813	860	907	954	*002	*050	*098	51
39	0.8098	146	195	243	292	342	391	50
40	391	441	491	541	591	642	693	49
41	693	744	796	847	900	952	*004	48
42	0.9004	057	110	163	217	271	325	47
43	325	380	435	490	545	601	657	46
44	657	713	770	827	884	942	*000	45
45	1.0000	058	117	176	236	295	355	44
46	355	416	477	538	599	661	724	43
47	724	786	850	913	977	*041	*106	42
48	1.1106	171	237	303	369	436	504	41
49	504	572	640	708	778	847	18	40
50	918	988	*059	*131	*203	*276	*349	39
51	1.2349	423	497	572	647	723	799	38
52	799	876	954	*032	*111	*190	*270	37
53	1.3270	351	432	514	597	680	764	36
54	764	848	934	*019	*106	*193	*281	35
55	1.4281	370	460	550	641	733	826	34
56	826	919	*013	*108	*204	*301	*399	33
57	1.5399	497	597	697	798	900	*003	32
58	1.6003	107	213	319	426	534	643	31
59	643	753	864	977	*090	*205	*321	30
	60′	50′	40′	30′	20′	10′	0′	Grad

30° bis 60°.

Kotangens.

VIII

Sinus.

60° bis 90°.

Grad	0′	10′	20′	30′	40′	50′	60′	
60	0.8660	675	689	704	718	732	746	29
61	746	760	774	788	802	816	829	28
62	829	843	857	870	884	897	910	27
63	910	923	936	949	962	975	988	26
64	988	*000	*013	*026	*038	*051	*063	25
65	0.9063	075	088	100	112	124	135	24
66	135	147	159	171	182	194	205	23
67	205	216	228	239	250	261	272	22
68	272	283	294	304	315	325	336	21
69	336	346	357	367	377	387	397	20
70	397	407	417	426	436	446	455	19
71	455	465	474	483	492	502	511	18
72	511	520	528	537	546	555	563	17
73	563	572	580	588	596	605	613	16
74	613	621	629	636	644	652	659	15
75	659	667	674	681	689	696	703	14
76	703	710	717	724	730	737	744	13
77	744	750	757	763	769	775	781	12
78	781	787	793	799	805	811	816	11
79	816	822	827	833	838	843	848	10
80		853	858	863	868	872	877	9
81	877	881	886	890	894	899	903	8
82	903	907	911	914	918	922	925	7
83	925	929	932	936	939	942	945	6
84	945	948	951	954	957	959	962	5
85	962	964	967	969	971	974	976	4
86	976	978	980	981	983	985	986	3
87	986	988	989	990	992	993	994	2
88	994	995	996	997	997	998	998	1
89	998	999	999	*000	*000	*000	*000	0
90	1.0000							
	60′	50′	40′	30′	20′	10′	0′	Grad

0° bis 30°

Kosinus.

VIII

Tangens.

60° bis 90°.

Grad	0′	10′	20′	30′	40′	50′	60′	
60	1.7321	438	556	675	796	917	*040	29
61	1.8040	165	291	418	546	676	807	28
62	807	940	*074	*210	*347	*486	*626	27
63	1.9626	768	912	*057	*204	*353	*503	26
64	2.0503	655	809	965	*123	*283	*445	25
65	2.1445	609	775	943	*113	*286	*460	24
66	2.2460	637	817	998	*183	*369	*559	23
67	2.3559	750	945	*142	*342	*545	*751	22
68	2.4751	4960	5172	5386	5605	5826	6051	21
69	6051	6279	6511	6746	6985	7228	7475	20
70	7475	7725	7980	8239	8502	8770	9042	19
71	9042	9319	9600	9887	*0178	*0475	*0777	18
72	3.0777	1084	1397	1716	2041	2371	2709	17
73	2709	3052	3402	3759	4124	4495	4874	16
74	4874	5261	5656	6059	6471	6891	7321	15
75	7321	7760	8208	8667	9136	9617	*0108	14
76	4.0108	0611	1126	1653	2193	2747	3315	13
77	3315	3897	4494	5107	5736	6383	7046	12
78	7046	7729	8430	9152	9894	*0658	*1446	11
79	5.1446	2257	3093	3955	4845	5764	6713	10
80	6713	7694	8708	9758	*0844	*1970	*3138	9
81	6 3138	4348	5606	6912	8269	9682	*1154	8
82	7 1154	2687	4287	5958	7704	9530	*1443	7
83	8 1443	3450	5556	7769	*0098	*2553	*5144	6
84	9.5144	9.7882	10.0780	10.3854	10.7119	11.0594	11.4301	5
85	11.4301	11.8262	12.2505	12.7062	13.1969	13.7267	14.3007	4
86	14.3007	14.9244	15.6048	16.3499	17.1693	18.0750	19.0811	3
87	19.0811	20.2056	21.4704	22.9038	24 5418	26.4316	28.6363	2
88	28.6363	31.2416	34.3678	38.1885	42.9641	49.1039	57.2900	1
89	57.2900	68.7501	85.9398	114.5887	171.8854	343.7737	infinit	0
	60′	50′	40′	30′	20′	10′	0′	Grad

0° bis 30°.

Kotangens.

IX (S. 134—137)
Wurzeln, Potenzen, Kreiszahlen, Reziproke der Zahlen 1 bis 100

X (S. 138)
Häufig auftretende Zahlenwerte

XI (S. 139—141)
Gradmaß/Bogenmaß
Minuten und Sekunden als Dezimalgrade

XII (S. 142)
Sterbetafel

XIII (S. 143—146)
Zinstabellen

XIV (S. 148—149)
Geographische Angaben

XV (S. 150—152)
Astronomische Angaben

XVI (S. 153—156)
Physikalische Angaben
Periodensystem

IX

n	$\sqrt{n}$	$\sqrt[3]{n}$	n^2	n^3	$n\pi$	$^1/_4 n^2 \pi$
1	1.0000	1.0000	1	1	3.142	0.785
2	1.4142	1.2599	4	8	6.283	3.142
3	1.7320	1.4422	9	27	9.425	7.069
4	2.0000	1.5874	16	64	12.566	12.566
5	2.2361	1.7100	25	125	15.708	19.635
6	2.4495	1.8171	36	216	18.850	28.274
7	2.6458	1.9129	49	343	21.991	38.485
8	2.8284	2.0000	64	512	25.133	50.266
9	3.0000	2.0801	81	729	28.274	63.617
10	3.1623	2.1544	100	1000	31.416	78.540
11	3.3166	2.2240	121	1331	34.558	95.033
12	3.4641	2.2894	144	1728	37.699	113.097
13	3.6056	2.3513	169	2197	40.841	132.732
14	3.7417	2.4101	196	2744	43.982	153.938
15	3.8730	2.4662	225	3375	47.124	176.715
16	4.0000	2.5198	256	4096	50.265	201.062
17	4.1231	2.5713	289	4913	53.407	226.980
18	4.2426	2.6207	324	5832	56.549	254.469
19	4.3589	2.6684	361	6859	59.690	283.529
20	4.4721	2.7144	400	8000	62.832	314.159
21	4.5826	2.7589	441	9261	65.973	346.361
22	4.6904	2.8020	484	10648	69.115	380.133
23	4.7958	2.8439	529	12167	72.257	415.476
24	4.8990	2.8845	576	13824	75.398	452.389
25	5.0000	2.9240	625	15625	78.540	490.874
26	5.0990	2.9625	676	17576	81.681	530.929
27	5.1962	3.0000	729	19683	84.823	572.555
28	5.2915	3.0366	784	21952	87.965	615.752
29	5.3852	3.0723	841	24389	91.106	660.520

IX

n	$\sqrt{n}$	$\sqrt[3]{n}$	n^2	n^3	$n\pi$	$^1/_4 n^2 \pi$
30	5.4772	3.1072	900	27000	94.248	706.858
31	5.5678	3.1414	961	29791	97.389	754.768
32	5.6569	3.1748	1024	32768	100.53	804.248
33	5.7446	3.2075	1089	35937	103.67	855.299
34	5.8310	3.2396	1156	39304	106.81	907.920
35	5.9161	3.2711	1225	42875	109.96	962.113
36	6.0000	3.3019	1296	46656	113.10	1017.88
37	6.0828	3.3322	1369	50653	116.24	1075.21
38	6.1644	3.3620	1444	54872	119.38	1134.11
39	6.2450	3.3912	1521	59319	122.52	1194.59
40	6.3246	3.4200	1600	64000	125.66	1256.64
41	6.4031	3.4482	1681	68921	128.81	1320.25
42	6.4807	3.4760	1764	74088	131.95	1385.44
43	6.5574	3.5034	1849	79507	135.09	1452.20
44	6.6332	3.5303	1936	85184	138.23	1520.53
45	6.7082	3.5569	2025	91125	141.37	1590.43
46	6.7823	3.5830	2116	97336	144.51	1661.19
47	6.8557	3.6088	2209	103823	147.65	1734.94
48	6.9282	3.6342	2304	110592	150.80	1809.56
49	7.0000	3.6593	2401	117649	153 94	1885.74
50	7.0711	3.6840	2500	125000	157.08	1963.50
51	7.1414	3.7084	2601	132651	160.22	2042.82
52	7.2111	3.7325	2704	140608	163.36	2123.72
53	7.2801	3.7563	2809	148877	166.50	2206.18
54	7.3485	3.7798	2916	157464	169.65	2290.22
55	7.4162	3.8030	3025	166375	172.79	2375 83
56	7.4833	3.8259	3136	175616	175.93	2463.01
57	7.5498	3.8485	3249	185193	179.07	2551.76
58	7.6158	3.8709	3364	195112	182.81	2642 08
59	7.6811	3.8930	3481	205379	185.35	2733.97

IX

n	$\sqrt{n}$	$\sqrt[3]{n}$	n^2	n^3	$n\pi$	$^1/_4 n^2 \pi$
60	7.7460	3.9149	3600	216000	188.50	2827.43
61	7.8102	3.9365	3721	226981	191.64	2922.47
62	7.8740	3.9579	3844	238328	194.78	3019.07
63	7.9373	3.9791	3969	250047	197.92	3117.25
64	8.0000	4.0000	4096	262144	201.06	3216.99
65	8.0623	4.0207	4225	274625	204.20	3318.31
66	8.1240	4.0412	4356	287496	207.35	3421.19
67	8.1854	4.0615	4489	300763	210.49	3525.65
68	8.2462	4.0817	4624	314432	213.63	3631.68
69	8.3066	4.1016	4761	328509	216.77	3739.28
70	8.3666	4.1213	4900	343000	219.91	3848.45
71	8.4261	4.1408	5041	357911	223.05	3959.19
72	8.4853	4.1602	5184	373248	226.19	4071.50
73	8.5440	4.1793	5329	389017	229.34	4185.39
74	8.6023	4.1983	5476	405224	232.48	4300.84
75	8.6603	4.2172	5625	421875	235.62	4417.86
76	8.7178	4.2358	5776	438976	238.76	4536.46
77	8.7750	4.2543	5929	456533	241.90	4656.63
78	8.8318	4.2727	6084	474552	245.04	4778.36
79	8.8882	4.2908	6241	493039	248.19	4901.67
80	8.9443	4.3089	6400	512000	251.33	5026.55
81	9.0000	4.3267	6561	531441	254.47	5153.00
82	9.0554	4.3445	6724	551368	257.61	5281.02
83	9.1104	4.3621	6889	571787	260.75	5410.61
84	9.1652	4.3795	7056	592704	263.89	5541.77
85	9.2195	4.3968	7225	614125	267.04	5674.50
86	9.2736	4.4140	7396	636056	270.18	5808.80
87	9.3274	4.4310	7569	658503	273.32	5944.68
88	9.3808	4.4480	7744	681472	276.46	6082.12
89	9.4340	4.4647	7921	704969	279.60	6221.14

IX

n	$\sqrt{n}$	$\sqrt[3]{n}$	n^2	n^3	$n\pi$	$^1/_4 n^2 \pi$
90	9.4868	4.4814	8100	729000	282.74	6361.73
91	9.5394	4.4979	8281	753571	285.88	6503.88
92	9.5917	4.5144	8464	778688	289.03	6647.61
93	9.6437	4.5307	8649	804357	292.17	6792.91
94	9.6954	4.5468	8836	830584	295.31	6939.78
95	9.7468	4.5629	9025	857375	298.45	7088.22
96	9.7980	4.5789	9216	884736	301.59	7238.23
97	9.8489	4.5947	9409	912673	304.73	7389.81
98	9.8995	4.6104	9604	941192	307.88	7542.96
99	9.9499	4.6261	9801	970299	311.02	7697.69
100	10.0000	4.6416	10000	1000000	314.16	7853.98

n	1000 : n	n	1000 : n	n	1000 : n	n	1000 : n	n	1000 : n
1	1000.000	21	47.619	41	24.390	61	16.393	81	12.346
2	500.000	22	45.455	42	23.810	62	16.129	82	12.195
3	333.333	23	43.478	43	23.256	63	15.873	83	12.048
4	250.000	24	41.667	44	22.727	64	15.625	84	11.905
5	200.000	25	40.000	45	22.222	65	15.385	85	11.765
6	166.667	26	38.462	46	21.739	66	15.152	86	11.628
7	142.857	27	37.037	47	21.277	67	14.925	87	11.494
8	125.000	28	35.714	48	20.833	68	14.706	88	11.364
9	111.111	29	34.483	49	20.408	69	14.493	89	11.236
10	100.000	30	33.333	50	20.000	70	14.286	90	11.111
11	90.909	31	32.258	51	19.608	71	14.085	91	10.989
12	83.333	32	31.250	52	19.231	72	13.889	92	10.870
13	76.923	33	30.303	53	18.868	73	13.699	93	10.753
14	71.429	34	29.412	54	18.519	74	13.514	94	10.638
15	66.667	35	28.571	55	18.182	75	13.333	95	10.526
16	62.500	36	27.778	56	17.857	76	13.158	96	10.417
17	58.824	37	27.027	57	17.544	77	12.987	97	10.309
18	55.556	38	26.316	58	17.241	78	12.821	98	10.204
19	52.632	39	25.641	59	16.949	79	12.658	99	10.101
20	50.000	40	25.000	60	16.667	80	12.500	100	10.000

X
Häufig auftretende Zahlenwerte

Größe	n	$\log n$	Größe	n	$\log n$
$\sqrt{2}$	1.414214	0.150515	π^2	9.869604	0.994300
$\sqrt{3}$	1.732051	0.238561	2π	6.283185	0.798180
$1:\sqrt{2}$	0.707107	9.849485–10	4π	12.566372	1.099210
$1:\sqrt{3}$	0.577350	9.761439–10	$\frac{\pi}{2}$	1.570796	0.196120
e	2.718282	0.4342945	$\frac{\pi}{3}$	1.047198	0.020029
M	0.4342945	9.637784–10	$\frac{\pi}{4}$	0.785398	9.895090–10
1:M	2.302585	0.362216	$\frac{\pi}{6}$	0.523599	9.718999–10
π	3.141593	0.497150	$\frac{4\pi}{3}$	4.188790	0.622089
$\sqrt{\pi}$	1.772454	0.248575	$\frac{\pi}{180}$	0.017453	8.241877–10
$\sqrt{2\pi}$	2.506628	0.399090	$\frac{1}{\pi}$	0.318310	9.502850–10

Der dem Halbmesser gleiche Bogen ist	n	$\log n$
in Graden: $\varrho^0 = 180^0:\pi$	57.29578^0	1.75812263
in Minuten: $\varrho' = 10800':\pi$	$3437.7468'$	3.53627388
in Sekunden: $\varrho'' = 648000'':\pi$	$206264.806''$	5.31442513
$\sin 1^0$	$0.1745241 \cdot 10^{-1}$	8.2418553–10
$\sin 1'$	$0.2908882 \cdot 10^{-3}$	6.4637261–10
$\sin 1''$	$0.4848137 \cdot 10^{-5}$	4.6855749–10

XI

Umrechnung von Winkelgraden in Bogenlängen

Grad	Bogen	Grad	Bogen	Grad	Bogen
1	0,017453	31	0,541052	61	1,064651
2	0,034907	32	0,558505	62	1,082104
3	0,052360	33	0,575959	63	1,099557
4	0,069813	34	0,593412	64	1,117011
5	0,087266	35	0,610865	65	1,134464
6	0,104720	36	0,628319	66	1,151917
7	0,122173	37	0,645772	67	1,169371
8	0,139626	38	0,663225	68	1,186824
9	0,157080	39	0,680678	69	1,204277
10	0,174533	40	0,698132	70	1,221730
11	0,191986	41	0,715585	71	1,239184
12	0,209440	42	0,733038	72	1,256637
13	0,226893	43	0,750492	73	1,274090
14	0,244346	44	0,767945	74	1,291544
15	0,261799	45	0,785398	75	1,308997
16	0,279253	46	0,802851	76	1,326450
17	0,296706	47	0,820305	77	1,343904
18	0,314159	48	0,837758	78	1,361357
19	0,331613	49	0,855211	79	1,378810
20	0,349066	50	0,872665	80	1,396263
21	0,366519	51	0,890118	81	1,413717
22	0,383972	52	0,907571	82	1,431170
23	0,401426	53	0,925025	83	1,448623
24	0,418879	54	0,942478	84	1,466077
25	0,436332	55	0,959931	85	1,483530
26	0,453786	56	0,977384	86	1,500983
27	0,471239	57	0,994838	87	1,518436
28	0,488692	58	1,012291	88	1,535890
29	0,506145	59	1,029744	89	1,553343
30	0,523599	60	1,047198	90	1,570796

XI

min sec	Umrechnung aus Minuten Bogen	Umrechnung aus Sekunden Bogen	min sec	Umrechnung aus Minuten Bogen	Umrechnung aus Sekunden Bogen
1	0,000291	0,000005	31	0,009018	0,000150
2	0,000582	0,000010	32	0,009308	0,000155
3	0,000873	0,000015	33	0,009599	0,000160
4	0,001164	0,000019	34	0,009890	0,000165
5	0,001454	0,000024	35	0,010181	0,000170
6	0,001745	0,000029	36	0,010472	0,000175
7	0,002036	0,000034	37	0,010763	0,000179
8	0,002327	0,000039	38	0,011054	0,000184
9	0,002618	0,000044	39	0,011345	0,000189
10	0,002909	0,000048	40	0,011636	0,000194
11	0,003200	0,000053	41	0,011926	0,000199
12	0,003491	0,000058	42	0,012217	0,000204
13	0,003782	0,000063	43	0,012508	0,000208
14	0,004072	0,000068	44	0,012799	0,000213
15	0,004363	0,000073	45	0,013090	0,000218
16	0,004654	0,000078	46	0,013381	0,000223
17	0,004945	0,000082	47	0,013672	0,000228
18	0,005236	0,000087	48	0,013963	0,000233
19	0,005527	0,000092	49	0,014254	0,000238
20	0,005818	0,000097	50	0,014544	0,000242
21	0,006109	0,000102	51	0,014835	0,000247
22	0,006400	0,000107	52	0,015126	0,000252
23	0,006690	0,000112	53	0,015417	0,000257
24	0,006981	0,000116	54	0,015708	0,000262
25	0,007272	0,000121	55	0,015999	0,000267
26	0,007563	0,000126	56	0,016290	0,000271
27	0,007854	0,000131	57	0,016581	0,000276
28	0,008145	0,000136	58	0,016871	0,000281
29	0,008436	0,000141	59	0,017162	0,000286
30	0,008727	0,000145	60	0,017453	0,000291

Minuten als Dezimalgrade

min	0	1	2	3	4	5	6	7	8	9
0	0,0000	0167	0333	0500	0667	0833	1000	1167	1333	1500
1	1667	1833	2000	2167	2333	2500	2667	2833	3000	3167
2	3333	3500	3667	3833	4000	4167	4333	4500	4667	4833
3	5000	5167	5333	5500	5667	5833	6000	6167	6333	6500
4	6667	6833	7000	7167	7333	7500	7667	7833	8000	8167
5	8333	8500	8667	8833	9000	9167	9333	9500	9667	9833

Sekunden als Dezimalgrade

sec	0	1	2	3	4	5	6	7	8	9
0	0,0000	0003	0006	0008	0011	0014	0017	0019	0022	0025
1	0028	0031	0033	0036	0039	0042	0044	0047	0050	0053
2	0056	0058	0061	0064	0067	0069	0072	0075	0078	0081
3	0083	0086	0089	0092	0094	0097	0100	0103	0106	0108
4	0111	0114	0117	0119	0122	0125	0128	0131	0133	0136
5	0139	0142	0144	0147	0150	0153	0156	0158	0161	0164

XII Sterbetafel

(Auszug aus „Allgemeine Sterbetafel für die Bundesrepublik Deutschland 1949/51", Statistik der Bundesrepublik Deutschland, Bd. 75, Wiesbaden 1953.)

n	Überlebende Männer	Überlebende Frauen	*n*	Überlebende Männer	Überlebende Frauen	*n*	Überlebende Männer	Überlebende Frauen
0	100000	100000	34	88662	91396	68	58985	68455
1	93823	95091	35	88428	91221	69	56751	66312
2	93433	94749	36	88184	91039	70	54394	63994
3	93203	94545	37	87930	90850	71	51903	61491
4	93022	94390	38	87666	90651	72	49278	58794
5	92880	94270	39	87391	90443	73	46529	55905
6	92768	94177	40	87102	90225	74	43666	52837
7	92673	94100	41	86795	89995	75	40700	49605
8	92586	94041	42	86468	89749	76	37644	46226
9	92513	93986	43	86120	89486	77	34524	42721
10	92444	93937	44	85746	89204	78	31372	39118
11	92379	93893	45	85342	88901	79	28222	35457
12	92315	93850	46	84902	88574	80	25106	31787
13	92250	93805	47	84417	88221	81	22059	28163
14	92178	93756	48	83883	87841	82	19118	24642
15	92097	93701	49	83294	87432	83	16324	21282
16	92001	93637	50	82648	86991	84	13715	18132
17	91892	93564	51	81945	86516	85	11321	15225
18	91767	93484	52	81186	86003	86	9168	12582
19	91625	93394	53	80371	85451	87	7274	10213
20	91466	93295	54	79497	84860	88	5655	8132
21	91294	93188	55	78562	84225	89	4294	6335
22	91113	93073	56	77560	83540	90	3175	4815
23	90924	92955	57	76490	82796	91	2278	3567
24	90730	92834	58	75352	81989	92	1589	2571
25	90531	92711	59	74141	81115	93	1082	1814
26	90329	92586	60	72852	80166	94	719	1253
27	90125	92457	61	71474	79131	95	466	846
28	89922	92324	62	70003	77994	96	294	559
29	89720	92185	63	68437	76744	97	181	361
30	89518	92039	64	66772	75374	98	108	227
31	89314	91887	65	64999	73875	99	63	140
32	89104	91729	66	63110	72232	100	36	84
33	88887	91565	67	61104	70428			

XIII. Zinstabellen

Aufzinsungsfaktoren $q^n = \left(1 + \frac{p}{100}\right)^n$

n	3%	3.5%	4%	4.5%	5%	6%
1	1.030	1.035	1.040	1.045	1.050	1.060
2	1.0609	1.0712	1.0816	1.0920	1.1025	1.1236
3	1.0927	1.1087	1.1249	1.1412	1.1576	1.1910
4	1.1255	1.1475	1.1699	1.1925	1.2155	1.2625
5	1.1593	1.1877	1.2167	1.2462	1.2763	1.3382
6	1.1941	1.2293	1.2653	1.3023	1.3401	1.4185
7	1.2299	1.2723	1.3159	1.3609	1.4071	1.5036
8	1.2668	1.3168	1.3686	1.4221	1.4775	1.5938
9	1.3048	1.3629	1.4233	1.4861	1.5513	1.6895
10	1.3439	1.4106	1.4802	1.5530	1.6289	1.7908
11	1.3842	1.4600	1.5395	1.6229	1.7103	1.8983
12	1.4258	1.5111	1.6010	1.6959	1.7959	2.0122
13	1.4685	1.5640	1.6651	1.7722	1.8856	2.1329
14	1.5126	1.6187	1.7317	1.8519	1.9799	2.2609
15	1.5580	1.6753	1.8009	1.9353	2.0789	2.3966
16	1.6047	1.7340	1.8730	2.0224	2.1829	2.5404
17	1.6528	1.7947	1.9479	2.1134	2.2920	2.6928
18	1.7024	1.8575	2.0258	2.2085	2.4066	2.8543
19	1.7535	1.9225	2.1068	2.3079	2.5270	3.0256
20	1.8061	1.9898	2.1911	2.4117	2.6533	3.2071
21	1.8603	2.0594	2.2788	2.5202	2.7860	3.3996
22	1.9161	2.1315	2.3699	2.6337	2.9253	3.6035
23	1.9736	2.2061	2.4647	2.7522	3.0715	3.8198
24	2.0328	2.2833	2.5633	2.8760	3.2251	4.0489
25	2.0938	2.3632	2.6658	3.0054	3.3864	4.2919
26	2.1506	2.4460	2.7725	3.1407	3.5557	4.5494
27	2.2213	2.5316	2.8834	3.2820	3.7335	4.8224
28	2.2879	2.6202	2.9987	3.4297	3.9201	5.1117
29	2.3566	2.7119	3.1187	3.5840	4.1161	5.4184
30	2.4273	2.8068	3.2434	3.7453	4.3219	5.7435

XIII

Abzinsungsfaktoren $q^{-n} = \frac{1}{q^n} = \left(1 + \frac{p}{100}\right)^{-n}$

n	3 %	3.5 %	4 %	4.5 %	5 %	6 %
1	0.9709	0.9662	0.9615	0.9569	0.9524	0.9434
2	0.9426	0.9335	0.9246	0.9157	0.9070	0.8900
3	0.9151	0.9019	0.8890	0.8763	0.8638	0.8396
4	0.8885	0.8714	0.8548	0.8386	0.8227	0.7921
5	0.8626	0.8420	0.8219	0.8025	0.7835	0.7473
6	0.8375	0.8135	0.7903	0.7679	0.7462	0.7050
7	0.8131	0.7860	0.7599	0.7348	0.7107	0.6651
8	0.7894	0.7594	0.7307	0.7032	0.6768	0.6274
9	0.7664	0.7337	0.7026	0.6729	0.6446	0.5919
10	0.7441	0.7089	0.6756	0.6439	0.6139	0.5584
11	0.7224	0.6849	0.6496	0.6162	0.5847	0.5268
12	0.7014	0.6618	0.6246	0.5897	0.5568	0.4970
13	0.6810	0.6394	0.6006	0.5643	0.5303	0.4688
14	0.6611	0.6178	0.5775	0.5400	0.5051	0.4423
15	0.6419	0.5969	0.5553	0.5167	0.4810	0.4173
16	0.6232	0.5767	0.5339	0.4945	0.4581	0.3936
17	0.6050	0.5572	0.5134	0.4732	0.4363	0.3714
18	0.5874	0.5384	0.4936	0.4528	0.4155	0.3503
19	0.5703	0.5202	0.4746	0.4333	0.3957	0.3305
20	0.5537	0.5026	0.4564	0.4146	0.3769	0.3118
21	0.5375	0.4856	0.4388	0.3968	0.3589	0.2942
22	0.5219	0.4692	0.4220	0.3797	0.3419	0.2775
23	0.5067	0.4533	0.4057	0.3634	0.3256	0.2618
24	0.4919	0.4380	0.3901	0.3477	0.3101	0.2470
25	0.4776	0.4231	0.3751	0.3327	0.2953	0.2330
26	0.4637	0.4088	0.3607	0.3184	0.2812	0.2198
27	0.4502	0.3950	0.3468	0.3047	0.2679	0.2074
28	0.4371	0.3817	0.3335	0.2916	0.2551	0.1956
29	0.4243	0.3687	0.3207	0.2790	0.2429	0.1846
30	0.4120	0.3563	0.3083	0.2670	0.2314	0.1741

XIII

Summen geometrischer Reihen $s = \frac{q^n - 1}{q - 1}$

Endwert der Rente 1 bei p% Zinsen nach n Jahren

n	2%	3%	3,5%	4%	4,5%	5%	6 %	8%
1	1,00	1,00	1,00	1,00	1,00	1,00	1,00	1,00
2	2,02	2,03	2,04	2,04	2,04	2,05	2,06	2,08
3	3,06	3,09	3,11	3,12	3,14	3,15	3,18	3,25
4	4,12	4,18	4,21	4,25	4,28	4,31	4,37	4,51
5	5,20	5,31	5,36	5,42	5,47	5,53	5,64	5,87
6	6,31	6,47	6,55	6,63	6,72	6,80	6,98	7,34
7	7,43	7,66	7,78	7,90	8,02	8,14	8,39	8,92
8	8,58	8,89	9,05	9,21	9,38	9,55	9,90	10,64
9	9,75	10,16	10,37	10,58	10,80	11,03	11,49	12,49
10	10,95	11,46	11,73	12,01	12,29	12,58	13,18	14,49
11	12,17	12,81	13,14	13,49	13,84	14,21	14,97	16,65
12	13,41	14,19	14,60	15,03	15,46	15,92	16,87	18,98
13	14,68	15,62	16,11	16,63	17,16	17,71	18,88	21,50
14	15,97	17,09	17,68	18,29	18,93	19,60	21,01	24,21
15	17,29	18,60	19,30	20,02	20,78	21.58	23,28	27,15
16	18,64	20,16	20,97	21,82	22,72	23,66	25,67	30,32
17	20,01	21,76	22,71	23,70	24,74	25,84	28,21	33,75
18	21,41	23,41	24,50	25,65	26,86	28,13	30,91	37,45
19	22,84	25,12	26,36	27,67	29,06	30,54	33,76	41,45
20	24,30	26,87	28,28	29,78	31,37	33,07	36,79	45,76
21	25,78	28,68	30,27	31,97	33,78	35,72	39,99	50,42
22	27,30	30,54	32,33	34,25	36,30	38,51	43,39	55,46
23	28,85	32,45	34,46	36,62	38,94	41,43	47,00	60,89
24	30,42	34,43	36,67	39,08	41,69	44,50	50,82	66,76
25	32,03	36,46	38,95	41,65	44,56	47,73	54,86	73,11
30	40,57	47,58	51,62	56,08	61,01	66,44	79,06	113,28
40	60,40	75,40	84,55	95,03	107,03	120,80	154,76	259,06
50	84,58	112,80	131,00	152,67	178,50	209,35	290,34	573,77
80	193,77	321,36	419,31	551,25	729,56	971,23	1746,6	5886,9
100	312,23	607,29	862,61	1237,6	1790,9	2610,0	5638,4	2748,4

XIII

Siebenstellige Logarithmen der Zinsfaktoren

p	q	log q	p	q	log q
0,25	1,0025	0,0010844	5,25	1,0525	0,0222221
0,50	1,0050	0,0021661	5,50	1,0550	0,0232525
0,75	1,0075	0,0032451	5,75	1,0575	0,0242804
1,00	1,0100	0,0043214	6,00	1,0600	0,0253059
1,25	1.0125	0,0053950	6,25	1,0625	0,0263289
1,50	1,0150	0,0064660	6,50	1,0650	0,0273496
1,75	1,0175	0,0075344	6,75	1,0675	0,0283679
2,00	1,0200	0,0086002	7,00	1,0700	0,0293838
2,25	1,0225	0,0096633	7,25	1,0725	0,0303973
2,50	1,0250	0,0107239	7,50	1,0750	0,0314085
2,75	1,0275	0,0117818	7,75	1,0775	0,0324173
3,00	1,0300	0,0128372	8,00	1,0800	0,0334238
3,25	1,0325	0,0138901	8,25	1,0825	0,0344279
3,50	1,0350	0,0149403	8,50	1,0850	0,0354297
3,75	1,0375	0,0159881	8,75	1,0875	0,0364293
4,00	1,0400	0,0170333	9,00	1,0900	0,0374265
4,25	1,0425	0,0180761	9,25	1,0925	0,0384214
4,50	1,0450	0,0191163	9,50	1,0950	0,0394141
4,75	1,0475	0,0201540	9,75	1,0975	0,0404045
5,00	1,0500	0,0211893	10,00	1,1000	0,0413927

XIV. Geographische Angaben

(A) Geographische Örter

Ort	Breite		Östliche Länge von Greenwich			Seehöhe
	°	'	h	m	s	m
Athen (Sternwarte)	+37	58,3	1	34	52	110
Bamberg „	+49	53,1	0	43	34	288
Bergedorf b. Hamb. (Sternw.)	+53	28,8	0	40	58	41
Berlin-Babelsberg „	+52	24,4	0	52	25	82
Bern „	+46	57,1	0	29	46	573
Bombay „	+18	53,6	4	51	16	19
Bonn „	+50	43,8	0	28	23	62
Breslau (Neue „)	+51	6,7	1	8	21	117
Brüssel (Uccle „)	+50	47,9	0	17	26	105
Cordoba (Argent. „)	—31	25,3	19	43	13	434
Dresden (Math. Salon)	+51	3,2	0	54	56	—
Florenz (Arcetri)	+43	45,2	0	45	1	73
Frankfurt a. M	+50	7,0	0	34	36	121
Gotha (Sternwarte)	+50	56,6	0	42	51	322
Göttingen „	+51	31,8	0	39	46	161
Graz „	+47	4,6	1	1	48	375
Greenwich „	+51	28,6	0	0	0	47
Hamburg (Dt. Seewarte) ..	+53	32,9	0	39	53	30
Heidelberg (Königstuhl) ...	+49	23,9	0	34	53	570
Innsbruck (Sternwarte)....	+47	16,1	0	45	31	605
Jena „	+50	55,6	0	46	20	164
Johannesburg „	—26	10,9	1	52	18	1786
Kiel „	+54	20,5	0	40	35	52
Königsberg „	+54	42,8	1	21	59	22
Kopenhagen „	+55	41,2	0	50	19	14
Leipzig „	+51	20,1	0	49	34	119
Leningrad „	+59	56,5	2	1	11	4
Lissabon „	+38	42,5	23	23	15	94
Marseille „	+43	18,3	0	21	35	75
Melbourne „	—37	49,9	9	39	54	28
Moskau „	+55	45,3	2	30	17	142
Mount Hamilton (Lick Stw.)	+37	20,4	15	53	25	1283
München (Sternwarte)	+48	8,8	0	46	26	529
New York (Columbia Sternw.)	+40	45,4	19	4	6	—

(A) Geographische Örter.

Ort	Breite		Östl. Länge von Greenwich			Seehöhe
	°		h	m	s	m
Oslo (Sternwarte)	+59	54,7	0	42	54	25
Paris (Sternwarte)	+48	50,2	0	9	21	59
Peking ,, ...	+39	54,4	7	45	53	—
Philadelphia (Sternwarte) .	+39	58,0	18	58	53	74
Potsdam (Astroph. Obs.) ..	+52	22,9	0	52	16	97
Prag (Sternwarte)	+50	5,3	0	57	41	197
Pulkowa ,, ...	+59	46,3	2	1	19	75
Quito ,, ...	— 0	14,0	18	46	2	2846
Rio de Janeiro (Sternwarte)	—22	53,7	21	7	6	33
Rom (Coll. Romano)	+41	53,9	0	49	55	59
Saltsjöbaden (Stockh. Obs.)	59	16,3	1	13	14	55
Straßburg (Sternwarte) ...	+48	35,0	0	31	5	144
Tokio ,, ...	+35	40,3	9	18	10	57
Triest ,, ...	+45	38,6	0	55	5	68
Washington ,, ...	+38	55,2	18	51	16	82
Wien ,, ...	+48	13,9	1	5	21	240
Zürich ,, ...	+47	22,6	0	34	12	468

(B) Konstanten der Erde

		log
Halbmesser des Äquators	6378.388 km	3.8047
Halbe Achse (Polarhalbmesser) ..	6356.912 km	3.8032
Äquatorgrad	111.324 km	2.0466
Mittlerer Meridiangrad	111.137 km	2.0458
Mittlere Entfernung von d. Sonne .	$14945 \cdot 10^4$ km	8.1747
Mittlere Entfernung des Mondes von der Erde	384403 km	5.5848
Rotationsgeschwindigkeit am Äquator	$465.12\ m \cdot sec^{-1}$	2.6675
Mittlere Bahngeschwindigkeit .	$29755\ m \cdot sec^{-1}$	4.4736
Bahngeschwindigkeit im Aphel .	$29.27\ km \cdot sec^{-1}$	1.4664
Bahngeschwindigkeit im Perihel	$30.27\ km \cdot sec^{-1}$	1.4809
Sterntag $23^h\ 56^m\ 4.091^s$		
Tropisches Jahr $365^t\ 5^h\ 48^m\ 45.657^s$		
Siderisches Jahr $365^t\ 6^h\ 9^m\ 9.54^s$		
Mittlere Dichte (Wasser = 1) .	$5.514\ g \cdot cm^{-3}$	0.7415

XV. Astronomische Angaben

Tafel der Zeitgleichung in Minuten und Sekunden für 0h Weltzeit = 1h MEZ

Januar					**Februar**				
1*	$-3^m\,31^s$	$-3^m\,22^s$	$-3^m\,14^s$	$-3^m\,8^s$	10*	$-14^m\,20^s$	$-14^m\,19^s$	$-14^m\,18^s$	$-14^m\,17^s$
11*	− 7 54	− 7 47	− 7 41	− 7 34	20*	− 13 52	− 13 54	− 13 54	− 13 55
21*	− 11 19	− 11 15	− 11 10	− 11 4					
31*	− 13 31	− 13 27	− 13 24	− 13 22					
März					**April**				
2	$-12^m\,19^s$	$-12^m\,21^s$	$-12^m\,23^s$	$-12^m\,27^s$	1	$-4^m\,3^s$	$-4^m\,6^s$	$-4^m\,10^s$	$-4^m\,15^s$
12	− 9 57	− 10 0	− 10 3	− 10 7	11	− 1 11	− 1 14	− 1 18	− 1 22
22	− 7 4	− 7 9	− 7 12	− 7 16	21	+ 1 13	+ 1 10	+ 1 8	+ 1 4
Mai					**Juni**				
1	$+2^m\,53^s$	$+2^m\,52^s$	$+2^m\,50^s$	$+2^m\,47^s$					
11	+ 3 41	+ 3 41	+ 3 40	+ 3 39	10	$+0^m\,46^s$	$+0^m\,49^s$	$+0^m\,51^s$	$+0^m\,53^s$
21	+ 3 32	+ 3 32	+ 3 34	+ 3 33	20	− 1 20	− 1 18	− 1 14	− 1 12
31	+ 2 29	+ 2 32	+ 2 34	+ 2 34	30	− 3 28	− 3 24	− 3 21	− 3 20

Juli					August				
10	— 5^m 11^s	— 5^m 9^s	— 5^m 8^s	— 5^m 6^s	9	— 5^m 28^s	— 5^m 31^s	— 5^m 33^s	— 5^m 35^s
20	— 6 13	— 6 13	— 6 12	— 6 12	19	— 3 38	— 3 43	— 3 45	— 3 49
30	— 6 21	— 6 22	— 6 22	— 6 24	29	— 1 0	— 1 5	— 1 9	— 1 14
September					Oktober				
8	+ 2^m 14^s	+ 2^m 8^s	+ 2^m 2^s	+ 1^m 58^s	8	+ 12^m 21^s	+ 12^m 15^s	+ 12^m 11^s	+ 12^m 8^s
18	+ 5 45	+ 5 38	+ 5 34	+ 5 28	18	+ 14 45	+ 14 41	+ 14 39	+ 14 36
28	+ 9 13	+ 9 8	+ 9 3	+ 8 58	28	+ 16 9	+ 16 7	+ 16 6	+ 16 5
November					Dezember				
7	+ 16^m 19^s	+ 16^m 18^s	+ 16^m 19^s	+ 16^m 21^s	7	+ 8^m 40^s	+ 8^m 45^s	+ 8^m 52^s	+ 8^m 59^s
17	+ 15 4	+ 15 6	+ 15 10	+ 15 13	17	+ 4 1	+ 4 8	+ 4 16	+ 4 23
27	+ 12 27	+ 12 32	+ 12 37	+ 12 12	27	— 0 57	— 0 49	— 0 41	— 0 34
Jahre	1960 1964 1968	1961 1965 1969	1962 1966 1970	1963 1967 1971		1960 1964 1968	1961 1965 1969	1962 1966 1970	1963 1967 1971

* In den Schaltjahren (1960, 1964 usw.) ist im Januar und Februar das Datum um einen Tag zu vergrößern.

Deklination und Rektaszension der Sonne

n^0	Deklination ⊙ n^0				AR ⊙ n^h	
					n^h	
0^0	März 21	Sept. 23	Sept. 23	März 21	0	März 21
1	23	20	Sept. 26	18	1	April 6
2	26	18	28	16	2	22
3	28	15	Okt. 1	13	3	Mai 8
4	31	13	3	10	4	23
5	April 2	10	6	8	5	Juni 7
6	5	7	9	5	6	21
7	8	5	11	März 3	7	Juli 6
8	10	Sept. 2	14	Febr. 28	8	21
9	13	Aug. 30	17	25	9	Aug. 5
10	16	27	19	23	10	21
11	19	24	22	20	11	Sept. 6
12	22	22	25	17	12	23
13	25	19	28	14	13	Okt. 10
14	28	15	Okt. 31	11	14	26
15	Mai 1	12	Nov. 3	8	15	Nov. 10
16	4	9	6	5	16	24
17	8	5	10	Febr. 2	17	Dez. 8
18	12	Aug. 1	13	Jan. 29	18	22
19	16	Juli 28	17	25	19	Jan. 4
20	20	24	22	21	20	18
21	25	18	27	16	21	Febr. 1
22	Juni 1	12	Dez. 2	10	22	16
23	10	Juli 3	11	Jan. 1	23	März 4
23 2	21		22			

XVI. Physik

(A) Spezifische Gewichte.

Aluminium 2,7	Glas .... 2,6—3,5	Wasser 15° 0,999
Blei 11,3	Holz, Buchen- .. 0,7	Schwefelsre. (k.) 1,84
Eisen .... 7,5 bis 7,8	„ Eben- 1,2	Äther 0,72
Gold 19,3	Kork 0,2	Alkohol 0,79
Kupfer 8,9	Kohle 1,33	Glyzerin 1,26
Platin 21,4	Marmor 2,8	Olivenöl 0,915
Schwefel 2,0	Messing 8,4	Quecksilber ... 13,6
Silber 10,5	Wachs 0,96	Schwefelkohlst. 1,27
Zink 7,1	Eis 0° 0,92	Terpentin 0,87
Zinn 7,3	Seewasser 15° ... 1,03	Petroleum 0,84

Für Luft = 1: Sauerst. 1,11; Stickst. 0,97; Wasserst. 0,07; Kohlensäure 1,52.

(B) Ausdehnungs-Koeffiz. (lin., 1 C., a 10^{-7}) a	(C) Sp. Wärme zw. 10° u. 100°	(D) Widerstand in Ohm
	Blei 0,031	Draht 1 m lg. 1 mm²QS
Aluminium 223	Eisen 0,113	Stahl 0,18 bis 0,43
Blei 285	Gold 0,032	Eisen 0,09 bis 0,15
Eisen 110	Kupfer 0,094	Kupfer 0,015
Gold 140	Messing 0,094	Messing 0,08
Kupfer 163	Silber 0,057	Neusilb. 0,16 bis 0,40
Messing 181	Platin 0,032	Silber 0,015
Silber 188	Quecksilber ... 0,033	Platin 0,115
Platin 88	Zink 0,094	Quecksilber ... 0,958
Zink 273	Zinn 0,057	Quecks. fest. .. 0,235
Zinn 218	Glas ... 0,08—0,23	Patentnickel [1]) . 0,34
Glas .... 40—90	Luft 0,17	Manganin [2]) ... 0,42
Quecks. (kub.) 1820	Alkohol 0,49	Konstantan [3]) . 0,48
	Wasserstoff 2,43	Gaskohle ca. 50

Bezeichnet für Gase c_p die spezifische Wärme bei konstantem Drucke und c_v die spezifische Wärme bei konstantem Volumen, so ist für ideale Gase

$$\frac{c_p}{c_v} = \varkappa,$$

wo für einatomige Gase $\varkappa = 1.67$
zweiatomige Gase $\varkappa = 1.40$
alle anderen Gase $\varkappa = 1.33$ ist.

[1]) Cu 75%, Ni 25%
[2]) Cu 84%, Ni 4%, Mn 12%
[3]) Cu 60%, Ni 40%

1 Ampere scheidet ab in 1 Min.
H_2O: 0,56; Ag: 67,08; Cu: 1969 mg und Knallgas 10,41 ccm.

Weitere physikalische Angaben s. S. 156

	I a	I b	II a	II b	III a	III b	IV a	IV b
I	**1 H** 1,0080							
II	**3 Li** 6,940		**4 Be** 9,013		**5 B** 10,82		**6 C** 12,010	
III	**11 Na** 22,997		**12 Mg** 24,32		**13 Al** 26,98		**14 Si** 28,09	
IV	**19 K** 39,100	**29 Cu** 63,54	**20 Ca** 40,08	**30 Zn** 65,38	**21 Sc** 44,96	**31 Ga** 69,72	**22 Ti** 47,90	**32 Ge** 72,60
V	**37 Rb** 85.48	**47 Ag** 107,880	**38 Sr** 87,63	**48 Cd** 112,41	**39 Y** 88,92	**49 In** 114,76	**40 Zr** 91,22	**50 Sn** 118,70
VI	**55 Cs** 132,91	**79 Au** 197,2	**56 Ba** 137,36	**80 Hg** 200,61	**Lanth.**	**81 Tl** 204,39	**72 Hf** 178,6	**82 Pb** 207,21
VII	**87 Fr**		**88 Ra** 226,05		**Actin.**			

Lantha-niden	**57 La** 138,92	**58 Ce** 140,13	**59 Pr** 140,92	**60 Nd** 144,27	**61 Pm**	**62 Sm** 150,43	**63 Eu** 152,0

Acti-niden	**89 Ac** 227	**90 Th** 232,12	**91 Pa** 231	**92 U** 238,07	*93 Np*	*94 Pu*	*95 Am*

der Elemente

V a	V b	VI a	VI b	VII a	VII b	VIII	VIII 0
							2 He 4,003
7 N 14,008		**8 O** 16,0000		**9 F** 19,00			**10 Ne** 20,183
15 P 30,975		**16 S** 32,066		**17 Cl** 35,457			**18 Ar** 39,944
23 V 50,95	**33 As** 74,91	**24 Cr** 52,01	**34 Se** 78,96	**25 Mn** 54,93	**35 Br** 79,916	**26 Fe** 55,85 **27 Co** 58,94 **28 Ni** 58,69	**36 Kr** 83,80
41 Nb 92,91	**51 Sb** 121,76	**42 Mo** 95,95	**52 Te** 127,61	**43 Tc**	**53 J** 126,91	**44 Ru** 101,7 **45 Rh** 102,91 **46 Pd** 106,7	**54 Xe** 131,3
73 Ta 180,88	**83 Bi** 209,00	**74 W** 183,92	**84 Po** 210	**75 Re** 186,31	**85 At**	**76 Os** 190,2 **77 Ir** 193,1 **78 Pt** 195,23	**86 Em** 222

64 Gd	**65 Tb**	**66 Dy**	**67 Ho**	**68 Er**	**69 Tm**	**70 Yb**	**71 Lu**
156,9	159,2	162,46	164,94	167,2	169,4	173,04	174,99

96 Cm	*97 Bk*	*98 Cf*	*99 E*	*100 Fm*	*101 Mv*	*102 No*	

(E) Brechungsindex für die D Linie.	(F) Mittlere Geschwindigkeit m pro Sekunde	(G) Temperat.-Druck gesätt. Dampf. t° C. : Atm.
Wasser . . . 1,33	Fußgänger . . . 1,5	50 : $^1/_8$
Alkohol . . . 1,36	Ozeandampfer . 10	65 : $^1/_4$
Schwefelkohlst. 1,63	Schnellzug . . . 22	82 : $^1/_2$
Kronglas 1,50—1,53	Sturm bis 30	100 : 1
Flintglas 1,55—1,96	Verkehrsflugzeug 84	121 : 2
Steinsalz . . 1,55	Düsenflugzeug. .240	144 : 4
Kanadabalsam . 1,54	Schall in Luft . .331	159 : 6
Diamant . . . 2,42	„ „ Wasser 1430	171 : 8
	„ „ Eisen 5100	180 : 10
	Licht (elektr. Feld) $2{,}998 \cdot 10^8$	

(H) $g_\varphi = g_0\,(1 + 0{,}0052\,\sin^2\varphi)$; $g_0 = 9{,}780$ m $\sec^{-2}$.

(I) Schmelzpunkte in Celsiusgraden.		(K) Siedepunkte in C°.
Quecksilber —39,9	Blei 327	Schweflige Säure —10
Talg . . . +40	Zink 410	Salzsäure (k.) +20
Phosphor . . 44,3	Silber . . . 961	Äther . . . 34,9
Butter . . . 63	Kupfer . . . 1085	Alkohol . . 78,5
Wachs . . . 63	Gold . . . 1066	Salpetersäure 86
Woods Leg. . 66	Gußeisen 11—1200	Terpentinöl . 150
Roses Leg. . 95	Stahl . . . 1375	Schwefel . . 445
Schwefel . . 113	Stabeisen . . 1500	Schwefelsäure (k.) 337
Zinn . . . 232	Platin . . . 1780	Quecksilber . 357

(L) Diatonische Tonleiter (a hat 440 Schwing. in 1 Sek.)

Prima	Sek.	gr.Terz	Quart	Quint	gr.Sext	gr.Septime	Oktav
1	$^9/_8$	$^5/_4$	$^4/_3$	$^3/_2$	$^5/_3$	$^{15}/_8$	2

(M) Gewicht eines Liters bei 0° C und 760 mm Druck
Wasserstoff 0,0895 g; Sauerst. 1,4302 g; Luft 1,2936 g.

Proportionaltafeln

D	1	2	3	4	5	6	7	8	9
1	0	0	0	0	1	1	1	1	1
2	0	0	1	1	1	1	1	2	2
3	0	1	1	1	2	2	2	2	3
4	0	1	1	2	2	2	3	3	4
5	1	1	2	2	3	3	4	4	5
6	1	1	2	2	3	4	4	5	5
7	1	1	2	3	4	4	5	6	6
8	1	2	2	3	4	5	6	6	7
9	1	2	3	4	5	5	6	7	8
10	1	2	3	4	5	6	7	8	9
11	1	2	3	4	6	7	8	9	10
12	1	2	4	5	6	7	8	10	11
13	1	3	4	5	7	8	9	10	12
14	1	3	4	6	7	8	10	11	13
15	2	3	5	6	8	9	11	12	14
16	2	3	5	6	8	10	11	13	14
17	2	3	5	7	9	10	12	14	15
18	2	4	5	7	9	11	13	14	16
19	2	4	6	8	10	11	13	15	17
20	2	4	6	8	10	12	14	16	18
21	2	4	6	8	11	13	15	17	19
22	2	4	7	9	11	13	15	18	20
23	2	5	7	9	12	14	16	18	21
24	2	5	7	10	12	14	17	19	22
25	3	5	8	10	13	15	18	20	23

D	1	2	3	4	5	6	7	8	9
26	3	5	8	10	13	16	18	21	23
27	3	5	8	11	14	16	19	22	24
28	3	6	8	11	14	17	20	22	25
29	3	6	9	12	15	17	20	23	26
30	3	6	9	12	15	18	21	24	27
31	3	6	9	12	16	19	22	25	28
32	3	6	10	13	16	19	22	26	29
33	3	7	10	13	17	20	23	26	30
34	3	7	10	14	17	20	24	27	31
35	4	7	11	14	18	21	25	28	32
36	4	7	11	14	18	22	25	29	32
37	4	7	11	15	19	22	26	30	33
38	4	8	11	15	19	23	27	30	34
39	4	8	12	16	20	23	27	31	35
40	4	8	12	16	20	24	28	32	36
41	4	8	12	16	21	25	29	33	37
42	4	8	13	17	21	25	29	34	38
43	4	9	13	17	22	26	30	34	39
44	4	9	13	18	22	26	31	35	40
45	5	9	14	18	23	27	32	36	41
46	5	9	14	18	23	28	32	37	41
47	5	9	14	19	24	28	33	38	42
48	5	10	14	19	24	29	34	38	43
49	5	10	15	20	25	29	34	39	44
50	5	10	15	20	25	30	35	40	45

Proportionaltafeln

D	1	2	3	5	5	6	7	8	9
51	5	10	15	20	26	31	36	41	46
52	5	10	16	21	26	31	36	42	47
53	5	11	16	21	27	32	37	42	48
54	5	11	16	22	27	32	38	43	49
55	6	11	17	22	28	33	39	44	50
56	6	11	17	22	28	34	39	45	50
57	6	11	17	23	29	34	40	46	51
58	6	12	17	23	29	35	41	46	52
59	6	12	18	24	30	35	41	47	53
60	6	12	18	24	30	36	42	48	54
61	6	12	18	24	31	37	43	49	55
62	6	12	19	25	31	37	43	50	56
63	6	13	19	25	32	38	44	50	57
64	6	13	19	26	32	38	45	51	58
65	7	13	20	26	33	39	46	52	59
66	7	13	20	26	33	40	46	53	59
67	7	13	20	27	34	40	47	54	60
68	7	14	20	27	34	41	48	54	61
69	7	14	21	28	35	41	48	55	62
70	7	14	21	28	35	42	49	56	63
71	7	14	21	28	36	43	50	57	64
72	7	14	22	29	36	43	50	58	65
73	7	15	22	29	37	44	51	58	66
74	7	15	22	30	37	44	52	59	67
75	8	15	23	30	38	45	53	60	68

D	1	2	3	4	5	6	7	8	9
76	8	15	23	30	38	46	53	61	68
77	8	15	23	31	39	46	54	62	69
78	8	16	23	31	39	47	55	62	70
79	8	16	24	32	40	47	55	63	71
80	8	16	24	32	40	48	56	64	72
81	8	16	24	32	41	49	57	65	73
82	8	16	25	33	41	49	57	66	74
83	8	17	25	33	42	50	58	66	75
84	8	17	25	34	42	50	59	67	76
85	9	17	26	34	43	51	60	68	77
86	9	17	26	34	43	52	60	69	77
87	9	17	26	35	44	52	61	70	78
88	9	18	26	35	44	53	62	70	79
89	9	18	27	36	45	53	62	71	80
90	9	18	27	36	45	54	63	72	81
91	9	18	27	36	46	55	64	73	82
92	9	18	28	37	46	55	64	74	83
93	9	19	28	37	47	56	65	74	84
94	9	19	28	38	47	56	66	75	85
95	10	19	29	38	48	57	67	76	86
96	10	19	29	38	48	58	67	77	86
97	10	19	29	39	49	58	68	78	87
98	10	20	29	39	49	59	69	78	88
99	10	20	30	40	50	59	69	79	89
100	10	20	30	40	50	60	70	80	90

GESAMTVERZEICHNIS

der

SAMMLUNG GÖSCHEN

Jeder Band DM 3,60 · Doppelband DM 5,80

Stand November 1959

WALTER DE GRUYTER & CO., BERLIN W 35

Inhaltsübersicht

Geisteswissenschaften

Philosophie

Einführung in die Philosophie von *H. Leisegang* †. 3. Auflage. 145 Seiten. 1957. (*281*)

Hauptprobleme der Philosophie von *G. Simmel* †. 7., unveränderte Auflage. 177 Seiten. 1950. (*500*)

Geschichte der Philosophie

I: Die griechische Philosophie von *W. Capelle*. 1. Teil. Von Thales bis Leukippos. 2., erweiterte Auflage. 135 Seiten. 1953. (*857*)

II: Die griechische Philosophie von *W. Capelle*. 2. Teil. Von der Sophistik bis zum Tode Platons. 2., stark erweiterte Auflage. 144 Seiten. 1953. (*858*)

III: Die griechische Philosophie von *W. Capelle*. 3. Teil. Vom Tode Platons bis zur Alten Stoa. 2., stark erweiterte Auflage. 132 Seiten. 1954. (*859*)

IV: Die griechische Philosophie von *W. Capelle*. 4. Teil. Von der Alten Stoa bis zum Eklektizismus im 1. Jahrh. v. Chr. 2., stark erweiterte Auflage. 132 Seiten. 1954. (*863*)

V: Die Philosophie des Mittelalters von *J. Koch*. In Vorbereitung. (*826*)

VI: Von der Renaissance bis Kant von *K. Schilling*. 234 Seiten. 1954. (*394/394a*)

VII: Immanuel Kant von *G. Lehmann*. In Vorbereitung. (*536*)

VIII: Die Philosophie des 19. Jahrhunderts von *G. Lehmann*. 1. Teil. 151 Seiten. 1953. (*571*)

IX: Die Philosophie des 19. Jahrhunderts von *G. Lehmann*. 2. Teil. 168 Seiten. 1953. (*709*)

X: Die Philosophie im ersten Drittel des 20. Jahrhunderts I von *G. Lehmann*. 128 Seiten. 1957. (*845*)

Die geistige Situation der Zeit (1931) von *K. Jaspers*. 4., unveränderter Abdruck der 1932 bearbeiteten 5. Auflage. 211 Seiten. 1955. (*1000*)

Erkenntnistheorie von *G. Kropp*

I. Teil: Allgemeine Grundlegung. 143 Seiten. 1950. (*807*)

Formale Logik von *P. Lorenzen*. 165 Seiten. 1958. (*1176/1176a*)

Ehilosophisches Wörterbuch von *M. Apel* †. 5., völlig neubearbeitete Auflage von *P. Ludz*. 315 Seiten. 1958. (*1031/1031a*)

Philosophische Anthropologie. Menschliche Selbstdeutung in Geschichte und Gegenwart von *M. Landmann*. 266 Seiten. 1955. (*156/156a*)

Pädagogik, Psychologie, Soziologie

Geschichte der Pädagogik von *Herm. Weimer*. 13., durchgesehene und vermehrte Auflage von *Heinz Weimer*. 178 Seiten. 1958. (*145*)

Therapeutische Psychologie. Ihr Weg durch die Psychoanalyse von *W. M. Kranefeldt*. Mit einer Einführung von *C. G. Jung*. 3. Auflage. 152 Seiten. 1956. (*1034*)

Allgemeine Psychologie von *Th. Erismann.* 3 Bände. 2., neubearbeitete Auflage.
I: Grundprobleme. 146 Seiten. 1958. (*831*,
II: Grundarten des psychischen Geschehens. 272 Seiten. 1959. (*832/832a*)
III: Psychologie der Persönlichkeit. In Vorbereitung. (*833*)

Soziologie. Geschichte und Hauptprobleme von *L. von Wiese.* 5. Auflage. 162 Seiten 1954. (*101*)

Sozialpsychologie von *P. R. Hofstätter.* 181 Seiten, 15 Abbildungen, 22 Tabellen. 1956. (*104/104a*)

Psychologie des Berufs- und Wirtschaftslebens von *W. Moede* †. 190 Seiten, 48 Abbildungen. 1958. (*851/851a*)

Industrie- und Betriebssoziologie von *R. Dahrendorf.* 120 Seiten. 1956. (*103*)

Religionswissenschaften

Jesus von *M. Dibelius* †. 2. Auflage. Unveränderter Nachdruck. 141 Seiten. 1949. (*1130*)

Paulus von *M. Dibelius* †. Nach dem Tode des Verfassers herausgegeben und zu Ende geführt von *W. G. Kümmel.* 2., durchgesehene Auflage. 155 Seiten. 1956. (*1160*)

Luther von *F. Lau.* 151 Seiten. 1959. (*1187*)

Geschichte Israels. Von den Anfängen bis zur Zerstörung des Tempels (70 n. Chr.) von *E. L. Ehrlich.* 158 Seiten, 1 Tafel. 1958. (*231/231a*)

Römische Religionsgeschichte von *F. Altheim.* 2 Bände. 2., umgearbeitete Auflage.
I: Grundlagen und Grundbegriffe. 116 Seiten. 1956. (*1035*)
II: Der geschichtliche Ablauf. 164 Seiten. 1956. (*1052*)

Musik

Musikästhetik von *H. J. Moser.* 180 Seiten. Mit zahlreichen Notenbeispielen. 1953. (*344*)

Systematische Modulation von *R. Hernried.* 2. Auflage. 136 Seiten. Mit zahlreichen Notenbeispielen. 1950. (*1094*)

Der polyphone Satz von *E. Pepping.* 2 Bände.
I: Der cantus-firmus-Satz. 2. Auflage. 223 Seiten. Mit zahlreichen Notenbeispielen. 1950. (*1148*)
II: Übungen im doppelten Kontrapunkt und im Kanon. 137 Seiten. Mit zahlreichen Notenbeispielen. 1957. (*1164/1164a*)

Allgemeine Musiklehre von *H. J. Moser.* 2., durchgesehene Auflage. 155 Seiten. Mit zahlreichen Notenbeispielen. 1955. (*220/220a*)

Harmonielehre von *H. J. Moser.* 2 Bände.
I: 109 Seiten. Mit 120 Notenbeispielen. 1954. (*809*)

Die Musik des 19. Jahrhunderts von *W. Oehlmann.* 180 Seiten. 1953. (*170*)

Die Musik des 20. Jahrhunderts von *W. Oehlmann.* 1959. In Vorbereitung. (*171/171a*)

Technik der deutschen Gesangskunst von *H. J. Moser.* 3., durchgesehene und verbesserte Auflage. 144 Seiten, 5 Figuren sowie Tabellen und Notenbeispiele. 1954. (*576/576a*)

Die Kunst des Dirigierens von *H. W. von Waltershausen* †. 2., vermehrte Auflage. 138 Seiten. Mit 19 Notenbeispielen. 1954. (*1147*)

Die Technik des Klavierspiels aus dem Geiste des musikalischen Kunstwerkes von *K. Schubert* †. 3. Auflage. 110 Seiten. Mit Notenbeispielen. 1954. (*1045*)

Kunst

Stilkunde von *H. Weigert*. 2 Bände. 3., durchgesehene und ergänzte Auflage.
I: Vorzeit, Antike, Mittelalter. 136 Seiten, 94 Abbildungen. 1958. (*80*)
II: Spätmittelalter und Neuzeit. 150 Seiten, 88 Abbildungen. 1958. (*781*)

Archäologie von *A. Rumpf*. 2 Bände.
I: Einleitung, historischer Überblick. 143 Seiten, 6 Abbildungen, 12 Tafeln 1953. (*538*)
II: Die Archäologensprache. Die antiken Reproduktionen. 136 Seiten, 7 Abbildungen, 12 Tafeln. 1956. (*539*)

Geschichte

Einführung in die Geschichtswissenschaft von *P. Kirn*. 3., durchgesehene Auflage. 128 Seiten. 1959. (*270*)

Zeitrechnung der römischen Kaiserzeit, des Mittelalters und der Neuzeit für die Jahre 1—2000 n. Chr. von *H. Lietzmann* †. 3. Auflage, durchgesehen von *K. Aland*. 130 Seiten. 1956. (*1085*)

Kultur der Urzeit von *F. Behn*. 3 Bände. 4. Auflage der Kultur der Urzeit Bd. 1—3 von *M. Hoernes*.
I: Die vormetallischen Kulturen. (Die Steinzeiten Europas. Gleichartige Kulturen in anderen Erdteilen.) 172 Seiten, 48 Abbildungen. 1950. (*564*)
II: Die älteren Metallkulturen. (Der Beginn der Metallbenutzung. Kupfer- und Bronzezeit in Europa, im Orient und in Amerika.) 160 Seiten, 67 Abbildungen. 1950. (*565*)
III: Die jüngeren Metallkulturen. (Das Eisen als Kulturmetall, Hallstatt-Latène-Kultur in Europa. Das erste Auftreten des Eisens in den anderen Weltteilen.) 149 Seiten, 60 Abbildungen. 1950. (*566*)

Vorgeschichte Europas von *F. Behn*. Völlig neue Bearbeitung der 7. Auflage der „Urgeschichte der Menschheit" von *M. Hoernes*. 125 Seiten, 47 Abbildungen. 1949. (*42*)

Der Eintritt der Germanen in die Geschichte von *J. Haller* †. 3. Auflage, durchgesehen von *H. Dannenbauer*. 120 Seiten, 6 Kartenskizzen. 1957. (*1117*)

Von den Karolingern zu den Staufern. Die altdeutsche Kaiserzeit (900—1250) von *J. Haller* †. 4., durchgesehene Auflage von *H. Dannenbauer*. 142 Seiten, 4 Karten. 1958. (*1065*)

Von den Staufern zu den Habsburgern. Auflösung des Reichs und Emporkommen der Landesstaaten (1250-1519) von *J. Haller*. † 2., durchgesehene Auflage von *H. Dannenbauer*. 6 Kartenskizzen. 1960. (*1077*)

Deutsche Geschichte im Zeitalter der Reformation, der Gegenreformation und des dreißigjährigen Krieges von *F. Hartung*. 129 Seiten. 1951. (*1105*)

Deutsche Geschichte von 1648—1740. Politischer und geistiger Wiederaufbau von *W. Treue*. 120 Seiten. 1956. (*35*)

Deutsche Geschichte von 1713—1806 von *W. Treue*. 168 Seiten. 1957. (*39*)

Deutsche Geschichte von 1807—1871 von *W. Treue*. In Vorbereitung. (*893*)

Deutsche Geschichte von 1871 bis zur Gegenwart von *W. Treue*. In Vorbereitung. (*894*)

Quellenkunde der Deutschen Geschichte im Mittelalter (bis zur Mitte des 15. Jahrhunderts) von *K. Jacob* †. 3 Bände.

I: Einleitung. Allgemeiner Teil. Die Zeit der Karolinger. 6., neubearbeitete Auflage von *H. Hohenleutner*. 127 Seiten. 1959. (*279*)

II: Die Kaiserzeit (911—1250). 5., neubearbeitete Auflage von *H. Hohenleutner*. 1959. In Vorbereitung. (*280*)

III. Das Spätmittelalter (vom Interregnum bis 1500). Herausgegeben von *F. Weden*. 152 Seiten. 1952. (*284*)

Geschichte Englands von *H. Preller*. 2 Bände.

I: bis 1815. 3., stark umgearbeitete Auflage. 135 Seiten, 7 Stammtafeln, 2 Karten. 1952. (*375*)

II: Von 1815 bis 1910. 2., völlig umgearbeitete Auflage. 118 Seiten, 1 Stammtafel, 7 Karten. 1954. (*1088*)

Römische Geschichte von *F. Altheim*. 4 Bände. 2., verbesserte Auflage.

I: Bis zur Schlacht bei Pydna (168 v. Chr.). 124 Seiten. 1956. (*19*)

II: Bis zur Schlacht bei Actium (31 v. Chr.). 129 Seiten. 1956. (*677*)

III: Bis zur Schlacht an der Milvischen Brücke (312 n. Chr.). 148 Seiten. 1958. (*679*)

IV: Bis zur Schlacht am Yarmuk (636 n. Chr.). In Vorbereitung. (*684*)

Geschichte der Vereinigten Staaten von Amerika von *O. Graf zu Stolberg-Wernigerode*: 192 Seiten, 10 Karten. 1956. (*1051/1051a*)

Deutsche Sprache und Literatur

Geschichte der Deutschen Sprache von *H. Sperber*. 3. Auflage, besorgt von *W. Fleischhauer*. 128 Seiten. 1958. (*915*)

Deutsches Rechtschreibungswörterbuch von *M. Gottschald* †. 2., verbesserte Auflage. 219 Seiten. 1953. (*200/200a*)

Deutsche Wortkunde. Eine kulturgeschichtliche Betrachtung des deutschen Wortschatzes von *A. Schirmer*. 3., durchgesehene Auflage. 109 Seiten. 1949. (*929*)

Deutsche Sprachlehre von *W. Hofstaetter*. 9., neubearbeitete Auflage von *G. Spree*. 144 Seiten. 1953. (*20*)

Stimmkunde für Beruf, Kunst und Heilzwecke von *H. Biehle*. 111 Seiten. 1955. (*60*)

Redetechnik. Einführung in die Rhetorik von *H. Biehle*. 115 Seiten. 1954. (*61*)

Sprechen und Sprachpflege (Die Kunst des Sprechens) von *H. Feist*. 2., verbesserte Auflage. 99 Seiten, 25 Abbildungen. 1952. (*1122*)

Deutsches Dichten und Denken von der germanischen bis zur staufischen Zeit von *H. Naumann* †. (Deutsche Literatur vom 5.—13. Jahrhundert.) 2., verbesserte Auflage. 166 Seiten. 1952. (*1121*)

Deutsches Dichten und Denken vom Mittelalter zur Neuzeit von *G. Müller* (1270 bis 1700). 2., durchgesehene Auflage. 159 Seiten. 1949. (*1086*)

Deutsches Dichten und Denken von der Aufklärung bis zum Realismus (Deutsche Literaturgeschichte von 1700—1890) von *K. Viëtor* †. 3., durchgesehene Auflage. 159 Seiten. 1958. (*1096*)

Der Nibelunge Nôt in Auswahl mit kurzem Wörterbuch von *K. Langosch*. 10., durchgesehene Auflage. 164 Seiten. 1956. (*1*)

Kudrun- und Dietrich-Epen in Auswahl mit Wörterbuch von *O. L. Jiriczek*. 6. Auflage, bearbeitet von *R. Wisniewski*. 173 Seiten. 1957. (*10*)

Wolfram von Eschenbach. Parzival. Eine Auswahl mit Anmerkungen und Wörterbuch von *H. Jantzen*. 2. Auflage, bearbeitet von *H. Kolb*. 128 Seiten. 1957. (*921*)

Hartmann von Aue. Der arme Heinrich nebst einer Auswahl aus der „Klage", dem „Gregorius" und den Liedern (mit einem Wörterverzeichnis) herausgegeben von *F. Maurer*. 96 Seiten. 1958. (*18*)

Gottfried von Strassburg in Auswahl herausgegeben von *F. Maurer*. 142 Seiten. 1959. (*22*)

Die deutschen Personennamen von *M. Gottschald* †. 2., verbesserte Auflage. 151 Seiten. 1955. (*422*)

Althochdeutsches Elementarbuch. Grammatik und Texte von *H. Naumann* † und *W. Betz*. 2., verbesserte und vermehrte Auflage. 156 Seiten. 1954. (*1111*)

Mittelhochdeutsche Grammatik von *H. de Boor* und *R. Wisniewski*. 141 Seiten. 1956. (*1108*)

Indogermanisch, Germanisch

Indogermanische Sprachwissenschaft von *H. Krahe*. 2 Bände. 3., neubearbeitete Aufl.
I: Einleitung und Lautlehre. 106 Seiten. 1958. (*59*)
II: Formenlehre. 124 Seiten. 1959. (*64*)

Gotisches Elementarbuch. Grammatik, Texte mit Übersetzung und Erläuterungen mit einer Einleitung von *H. Hempel*. 2., umgearbeitete Aufl. 165 Seiten. 1953. (*79*)

Germanische Sprachwissenschaft von *H. Krahe*. 2 Bände. 3., neubearbeitete Auflage.
I: Einleitung und Lautlehre. 147 Seiten. 1956. (*238*)
II: Formenlehre. 149 Seiten. 1957. (*780*)

Altnordisches Elementarbuch. Schrift, Sprache, Texte mit Übersetzung und Wörterbuch von *F. Ranke*. 2., durchgesehene Auflage. 146 Seiten. 1949. (*1115*)

Englisch, Romanisch

Altenglisches Elementarbuch von *M. Lehnert*. Einführung, Grammatik, Texte mit Übersetzung und Wörterbuch. 4., verbesserte Auflage. 178 Seiten. 1959. (*1125*)

Historische neuenglische Laut- und Formenlehre von *E. Ekwall*. 3., durchgesehene Auflage. 150 Seiten. 1956. (*735*)

Englische Phonetik von *H. Mutschmann* †. 117 Seiten. 1956. (*601*)

Englische Literaturgeschichte von *F. Schubel*. 4 Bände.
I: Die alt- und mittelenglische Periode. 163 Seiten. 1954. (*1114*)
II: Von der Renaissance bis zur Aufklärung. 160 Seiten. 1956. (*1116*)
III: Romantik und Viktorianismus. 160 Seiten. 1960. (*1124*)

Beowulf von *M. Lehnert*. Eine Auswahl mit Einführung, teilweiser Übersetzung, Anmerkungen und etymologischem Wörterbuch. 3., verbesserte Auflage. 135 Seiten. 1959. (*1135*)

Shakespeare von *P. Meißner* †. 2. Auflage, neubearbeitet von *M. Lehnert*. 136 Seiten. 1954. (*1142*)

Italienische Literaturgeschichte von *K. Voßler* †. Unveränderter Nachdruck der 1927 erschienenen 4., durchgesehenen und verbesserten Auflage. 148 Seiten. 1948. (*125*)

Romanische Sprachwissenschaft von *H. Lausberg*. 2 Bände.
I: Einleitung und Vokalismus. 160 Seiten. 1956. (*128/128a*)
II: Konsonantismus. 95 Seiten. 1956. (*250*)

Griechisch, Lateinisch

Griechische Sprachwissenschaft von *W. Brandenstein*. 2 Bände.
I: Einleitung, Lautsystem, Etymologie. 160 Seiten. 1954. (*117*)
II: Wortbildung und Formenlehre. 192 Seiten. 1959. (*118/118a*)

Geschichte der griechischen Sprache. 2 Bände.
I: Bis zum Ausgang der klassischen Zeit von *O. Hoffmann* †. 3. Auflage bearbeitet von *A. Debrunner* †. 156 Seiten. 1953. (*111*)
II: Grundfragen und Grundzüge des nachklassischen Griechisch von *A. Debrunner* †. 144 Seiten. 1954. (*114*)

Grammatik der Neugriechischen Volkssprache von *J. Kalitsunakis*. 3., völlig neu bearbeitete und erweiterte Auflage. 1960. In Vorbereitung. (*756/756a*)

Neugriechisch-deutsches Gesprächsbuch von *J. Kalitsunakis*. 2. Auflage, bearbeitet von *A. Steinmetz*. 1960. In Vorbereitung. (*587*)

Geschichte der lateinischen Sprache von *F. Stolz* †. 3., stark umgearbeitete Auflage von *A. Debrunner* †. 136 Seiten. 1953. (*492*)

Hebräisch, Sanskrit, Russisch

Hebräische Grammatik von *G. Beer* †. 2 Bände. 2., völlig neubearbeitete Auflage von *R. Meyer*.
I: Schrift-, Laut- und Formenlehre I. 157 Seiten. 1952. (*763/763a*)
II: Formenlehre II. Syntax und Flexionstabellen. 195 Seiten. 1955. (*764/764a*)

Hebräisches Textbuch von *R. Meyer*. 169 Seiten. 1960. (*769/769a*)

Sanskrit-Grammatik von *M. Mayrhofer*. 89 Seiten. 1953. (*1158*)

Russische Grammatik von *E. Berneker* †. 6., unveränderte Auflage von *M. Vasmer*. 155 Seiten. 1947. (*66*)

Erd- und Länderkunde

Afrika von *F. Jaeger*. Ein geographischer Überblick. 2 Bände. 2., umgearbeitete Auflage.
I: Der Lebensraum. 179 Seiten, 18 Abbildungen. 1954. (*910*)
II: Mensch und Kultur. 155 Seiten, 6 Abbildungen. 1954. (*911*)

Australien und Ozeanien von *H. J. Krug*. 176 Seiten, 46 Skizzen. 1953. (*319*)

Ebene und sphärische Trigonometrie von *G. Hessenberg*†. 5. Auflage, durchgesehen von *H. Kneser*. 172 Seiten, 60 Figuren. 1957. (*99*)

Darstellende Geometrie von *W. Haack*. 3 Bände.
I: Die wichtigsten Darstellungsmethoden. Grund- und Aufriß ebenflächiger Körper. 2., durchgesehene und ergänzte Auflage. 113 Seiten, 120 Abbildungen. 1958. (*142*)
II: Körper mit krummen Begrenzungsflächen. Kotierte Projektionen. 2., durchgesehene und ergänzte Auflage. 129 Seiten, 86 Abbildungen. 1959. (*143*)
III: Axonometrie und Perspektive. 127 Seiten, 100 Abbildungen. 1957. (*144*)

Analytische Geometrie von *K. P. Grotemeyer*. 202 Seiten, 73 Abbildungen. 1958. (*65/65a*)

Nichteuklidische Geometrie. Hyperbolische Geometrie der Ebene von *R. Baldus* †. Durchgesehen und herausgegeben von *F. Löbell*. 3., verbesserte Auflage. 140 Seiten, 70 Figuren. 1953. (*970*)

Differentialgeometrie von *K. Strubecker* (früher *Rothe*). 3 Bände.
I: Kurventheorie der Ebene und des Raumes. 150 Seiten, 18 Figuren. 1955. (*1113/1113a*)
II: Theorie der Flächenmetrik. 195 Seiten, 14 Figuren. 1958. (*1179/1179a*)
III: Theorie der Flächenkrümmung. 254 Seiten, 38 Figuren. 1959. (*1180/1180a*)

Einführung in die konforme Abbildung von *L. Bieberbach*. 5., erweiterte Auflage. 180 Seiten, 42 Figuren. 1956. (*768/768a*)

Vektoren und Matrizen von *S. Valentiner*. 8., erweiterte Auflage der „Vektoranalysis". Mit Anhang: Aufgaben zur Vektorrechnung von *H. König*. 202 Seiten, 35 Figuren. 1958. (*354/354a*)

Versicherungsmathematik von *F. Böhm*. 2 Bände.
I: Elemente der Versicherungsrechnung. 3., vermehrte und verbesserte Auflage. Durchgesehener Neudruck. 151 Seiten. 1953. (*180*)
II: Lebensversicherungsmathematik. Einführung in die technischen Grundlagen der Sozialversicherung. 2., verbesserte und vermehrte Auflage. 205 Seiten. 1953. (*917/917a*)

Finanzmathematik von *M. Nicolas*. 192 Seiten, 11 Tafeln, 8 Tabellen und 72 Beispiele. 1959. (*1183/1183a*)

Physik

Einführung in die theoretische Physik von *W. Döring*. 5 Bände.
I: Mechanik. 119 Seiten, 29 Abbildungen. 1954. (*76*)
II: Das elektromagnetische Feld. 122 Seiten, 15 Abbildungen. 1955. (*77*)
III: Optik. 117 Seiten, 32 Abbildungen. 1956. (*78*)
IV: Thermodynamik. 107 Seiten, 9 Abbildungen. 1956. (*374*)
V: Statistische Mechanik. 114 Seiten, 12 Abbildungen. 1957. (*1017*)

Mechanik deformierbarer Körper von *M. Päsler*. 1960. In Vorbereitung. (*1189/1189a*)

Atomphysik von *K. Bechert* und *Ch. Gerthsen* †. 7 Bände.
I: Allgemeine Grundlagen. 1. Teil. 4., durchgesehene Auflage von *A. Flammersfeld*. 124 Seiten, 35 Abbildungen. 1959. (*1009*)
II: Allgemeine Grundlagen. 2. Teil. 3., umgearbeitete Auflage. 112 Seiten, 48 Abbildungen. 1955. (*1033*)
III: Theorie des Atombaus. 1. Teil. 3., umgearbeitete Auflage. 148 Seiten, 16 Abbildungen. 1954. (*1123/1123a*)

IV: Theorie des Atombaus. 2. Teil. 3., umgearbeitete Auflage. 170 Seiten, 14 Abbildungen. 1954. (*1165/1165a*)

Differentialgleichungen der Physik von *F. Sauter*. 3., durchgesehene und ergänzte Auflage. 148 Seiten, 16 Figuren. 1958. (*1070*)

Physikalische Formelsammlung von *G. Mahler* †. Neubearbeitet von *K. Mahler*. 10., durchgesehene Auflage. 153 Seiten, 69 Figuren. 1959. (*136*)

Physikalische Aufgabensammlung von *G. Mahler* †. Neubearbeitet von *K. Mahler*. Mit den Ergebnissen. 10., durchgesehene Auflage. 127 Seiten. 1959. (*243*)

Chemie

Geschichte der Chemie in kurzgefaßter Darstellung von *G. Lockemann*. 2 Bände.
I: Vom Altertum bis zur Entdeckung des Sauerstoffs. 142 Seiten, 8 Bildnisse. 1950. (*264*)
II: Von der Entdeckung des Sauerstoffs bis zur Gegenwart. 151 Seiten 16 Bildnisse. 1955. (*265/265a*)

Anorganische Chemie von *W. Klemm*. 10., überarbeitete und ergänzte Auflage. 185 Seiten, 18 Abbildungen. 1958. (*37*)

Organische Chemie von *W. Schlenk*. 8., erweiterte Auflage. 272 Seiten, 16 Abbildungen. 1960. (*38/38a*)

Physikalische Methoden der Organischen Chemie von *G. Kresze*. 1960. In Vorbereitung. (*44*)

Allgemeine und physikalische Chemie von *W. Schulze*. 2 Bände. 4., neubearb. Aufl.
I: 139 Seiten, 10 Figuren. 1955. (*71*)
II: 176 Seiten, 37 Figuren. 1956. (*698/698a*)

Molekülbau. Theoretische Grundlagen und Methoden der Strukturermittlung von *W. Schulze*. 123 Seiten, 43 Figuren. 1958. (*786*)

Physikalisch-chemische Rechenaufgaben von *E. Asmus*. 3., verbesserte Auflage. 96 Seiten. 1958. (*445*)

Analytische Chemie von *J. Hoppe*. 2 Bände. 5., verbesserte Auflage.
I: Reaktionen. 135 Seiten. 1950. (*247*)

Maßanalyse. Theorie und Praxis der klassischen und der elektrochemischen Titrierverfahren von *G. Jander* und *K. F. Jahr*. 8., durchgesehene und ergänzte Auflage. 313 Seiten, 49 Figuren. 1959. (*221/221a*)

Thermochemie von *W. A. Roth* †. 2., verbesserte Auflage. 109 Seiten, 16 Figuren. 1952. (*1057*)

Stöchiometrische Aufgabensammlung von *W. Bahrdt* † und *R. Scheer*. Mit den Ergebnissen. 6., durchgesehene Auflage. 118 Seiten. 1957. (*452*)

Technologie

Die Chemie der Kunststoffe von *K. Hamann*. 1960. In Vorbereitung. (*1173*)

Warenkunde von *K. Hassak* † und *E. Beutel* †. 2 Bände.
I: Anorganische Waren sowie Kohle und Erdöl. 8. Auflage. Neubearbeitet von *A. Kutzelnigg*. 119 Seiten, 18 Figuren. 1958. (*222*)
II: Organische Waren. 8. Auflage. Vollständig neubearbeitet von *A. Kutzelnigg*. 157 Seiten, 32 Figuren. 1959. (*223*)

Die Fette und Öle von *K. Braun* †. 5., völlig neubearbeitete und verbesserte Auflage von *Th. Klug*. 145 Seiten. 1950. (*335*)

Die Seifenfabrikation von *K. Braun* †. 3., neubearbeitete und verbesserte Auflage von *Th. Klug*. 116 Seiten, 18 Abbildungen. 1953. (*336*)

Textilindustrie von *A. Blümcke*.
I: Spinnerei und Zwirnerei. 111 Seiten, 43 Abbildungen. 1954. (*184*)

Biologie

Einführung in die allgemeine Biologie und ihre philosophischen Grund- und Grenzfragen von *M. Hartmann*. 132 Seiten, 2 Abbildungen. 1956. (*96*)

Hormone von *G. Koller*. 2., neubearbeitete und erweiterte Auflage. 187 Seiten, 60 Abbildungen, 19 Tabellen. 1949. (*1141*)

Fortpflanzung im Tier- und Pflanzenreich von *J. Hämmerling*. 2., ergänzte Auflage. 135 Seiten, 101 Abbildungen. 1951. (*1138*)

Geschlecht und Geschlechtsbestimmung im Tier- und Pflanzenreich von *M. Hartmann*. 2., verbesserte Auflage. 116 Seiten, 61 Abbildungen, 7 Tabellen. 1951. (*1127*)

Symbiose der Tiere mit pflanzlichen Mikroorganismen von *P. Buchner*. 2., verbesserte und vermehrte Auflage. 130 Seiten, 121 Abbildungen. 1949. (*1128*)

Grundriß der Allgemeinen Mikrobiologie von *W. Schwartz* und *A. Müller* 2 Bände. 2., verbes erte und ergänzte Auflage.
I: 1960. In Vorbereitung. (*1155*)
II. 1960. In Vorbereitung. (*1157*)

Botanik

Entwicklungsgeschichte des Pflanzenreiches von *H. Heil*. 2. Auflage. 138 Seiten, 94 Abbildungen, 1 Tabelle. 1950. (*1137*)

Morphologie der Pflanzen von *L. Geitler*. 3., umgearbeitete Auflage. 126 Seiten, 114 Abbildungen. 1953. (*141*)

Pflanzengeographie von *L. Diels* †. 5., völlig neubearbeitete Auflage von *F. Mattick* 195 Seiten, 2 Karten. 1958. (*389/389a*)

Die Laubhölzer. Kurzgefaßte Beschreibung der in Mitteleuropa gedeihenden Laubbäume und Sträucher von *F. W. Neger* † und *E. Münch* †. 3., durchgesehene Auflage, herausgegeben von *B. Huber*. 143 Seiten, 63 Figuren, 7 Tabellen. 1950. (*718*)

Die Nadelhölzer (Koniferen) und übrigen Gymnospermen von *F. W. Neger* † und *E. Münch* †. 4. Auflage, durchgesehen und ergänzt von *B. Huber*. 140 Seiten, 75 Figuren, 4 Tabellen, 3 Karten. 1952. (*355*)

Pflanzenzüchtung von *H. Kuckuck*. 2 Bände.
I: Grundzüge der Pflanzenzüchtung. 3., völlig umgearbeitete und erweiterte Auflage. 132 Seiten, 22 Abbildungen. 1952. (*1134*)
II: Spezielle gartenbauliche Pflanzenzüchtung (Züchtung von Gemüse, Obst und Blumen). 178 Seiten, 27 Abbildungen. 1957. (*1178/1178a*)

Zoologie

Entwicklungsphysiologie der Tiere von *F. Seidel.* 2 Bände.
I: Ei und Furchung. 126 Seiten, 29 Abbildungen. 1953. (*1162*)
II: Körpergrundgestalt und Organbildung. 159 Seiten, 42 Abbildungen. 1953. (*1163*)

Das Tierreich
I: Einzeller, Protozoen von *E. Reichenow.* 115 Seiten, 59 Abbildungen. 1956. (*444*)
II: Schwämme und Hohltiere von *H. J. Hannemann.* 95 Seiten, 80 Abbildungen. 1956. (*442*)
III: Würmer. Platt-, Hohl-, Schnurwürmer, Kamptozoen, Ringelwürmer, Protracheaten, Bärtierchen, Zungenwürmer von *S. Jaeckel.* 114 Seiten, 36 Abbildungen. 1955. (*439*)
IV,1: Krebse von *H. E. Gruner* und *K. Deckert.* 114 Seiten, 43 Abbildungen. 1956. (*443*)
IV,2: Spinnentiere (Trilobitomorphen, Fühlerlose) und Tausendfüßler von *A. Kaestner.* 96 Seiten, 55 Abbildungen. 1955. (*1161*)
IV,3: Insekten von *H. von Lengerken.* 128 Seiten, 58 Abbildungen. 1953. (*594*)
V: Weichtiere. Urmollusken, Schnecken, Muscheln und Kopffüßer von *S. Jaeckel* 92 Seiten, 34 Abbildungen. 1954. (*440*)
VI: Stachelhäuter. Tentakulaten, Binnenatmer und Pfeilwürmer von *S. Jaeckel.* 100 Seiten, 46 Abbildungen. 1955. (*441*)
VII,2: Fische von *D. Lüdemann.* 130 Seiten, 65 Abbildungen. 1955. (*356*)
VII,3: Lurche (Chordatiere) von *K. Herter.* 143 Seiten, 129 Abbildungen. 1955. (*847*)
VII,4: Kriechtiere (Chordatiere) von *K. Herter.* 142 Abbildungen. 1960. (*447/447a*)
VII,5: Vögel (Chordatiere) von *H.-A. Freye.* In Vorbereitung. (*869*)
VII,6: Säugetiere (Chordatiere) von *Th. Haltenorth.* In Vorbereitung. (*282*)

Land- und Forstwirtschaft

Landwirtschaftliche Tierzucht. Die Züchtung und Haltung der landwirtschaftlichen Nutztiere von *H. Vogel.* 139 Seiten, 11 Abbildungen. 1952. (*228*)

Kulturtechnische Bodenverbesserungen von *O. Fauser.* 2 Bände.
I: Allgemeines, Entwässerung. 5., verbesserte und vermehrte Auflage. 127 Seiten, 49 Abbildungen. 1959. (*691*)
II: Bewässerung, Ödlandkultur, Umlegung. 4., neubearbeitete Auflage. 150 Seiten, 67 Abbildungen. 1948. (*692*)

Agrikulturchemie von *K. Scharrer.* 2 Bände.
I: Pflanzenernährung. 143 Seiten. 1953. (*329*)
II: Futtermittelkunde. 192 Seiten. 1956. (*330/330a*)

Geologie, Mineralogie, Kristallographie

Geologie von *F. Lotze.* 176 Seiten, 80 Abbildungen. 1955. (*13*)

Mineral- und Erzlagerstättenkunde von *H. Huttenlocher* †. 2 Bände.
I: 128 Seiten, 34 Abbildungen. 1954. (*1014*)
II: 156 Seiten, 48 Abbildungen. 1954. (*1015/1015a*)

Allgemeine Mineralogie. 10., erweiterte Auflage der „Mineralogie" von *R. Brauns* †, bearbeitet von *K. F. Chudoba.* 120 Seiten, 120 Figuren, 1 Tafel, 3 Tabellen. 1958. (*29*)

Spezielle Mineralogie. 10., erweiterte Auflage der „Mineralogie" von *R. Brauns* †, bearbeitet von *K. F. Chudoba.* 170 Seiten, 125 Figuren, 4 Tabellen. 1959. (*31/31a*)

Petrographie (Gesteinskunde) von *W. Bruhns* †. Neubearbeitet von *P. Ramdohr.* 4., durchgesehene Auflage. 104 Seiten, 10 Figuren. 1955. (*173*)

Kristallographie von *W. Bruhns* †. 5. Auflage, neubearbeitet von *P. Ramdohr.* 109 Seiten, 164 Abbildungen. 1958. (*210*)

Einführung in die Kristalloptik von *E. Buchwald.* 4., verbesserte Auflage. 138 Seiten, 121 Figuren. 1952. (*619*)

Lötrohrprobierkunde. Mineraldiagnose mit Lötrohr- und Tüpfelreaktion. Von *M. Henglein.* 3., verbesserte Auflage. 91 Seiten, 11 Figuren. 1949. (*483*)

Technik

Graphische Darstellung in Wissenschaft und Technik von *M. Pirani.* 3., erweiterte Auflage bearbeitet von *J. Fischer* unter Benutzung der von *I. Runge* besorgten 2. Auflage. 216 Seiten, 104 Abbildungen. 1957. (*728/728a*)

Technische Tabellen und Formeln von *W. Müller.* 4., verbesserte und erweiterte Auflage von *E. Schulze.* 152 Seiten, 105 Figuren. 1951. (*579*)

Elektrotechnik

Grundlagen der allgemeinen Elektrotechnik von *O. Mohr.* 3 Bände.
I: Die drei Feldformen. 96 Seiten, 41 Abbildungen, 6 Tafeln. 1956. (*196*)
II: Die wichtigsten elektrischen und physikalischen Grunderscheinungen. 95 Seiten, 36 Abbildungen, 7 Tafeln. 1956. (*197*)
III: Schaltvorgänge, Widerstandsformen, Meßtechnik. 91 Seiten, 59 Abbildungen, 1 Tafel. 1956. (*198*)

Die Gleichstrommaschine von *K. Humburg.* 2 Bände. 2., durchgesehene Auflage.
I: 102 Seiten, 59 Abbildungen. 1956. (*257*)
II: 101 Seiten, 38 Abbildungen. 1956. (*881*)

Die synchrone Maschine von *K. Humburg.* Neudruck. 109 Seiten, 78 Abbildungen. 1951. (*1146*)

Induktionsmaschinen von *F. Unger.* 2., erweiterte Auflage. 142 Seiten, 49 Abbildungen. 1954. (*1140*)

Die komplexe Berechnung von Wechselstromschaltungen von *H. H. Meinke.* 2. Auflage. 180 Seiten, 120 Abbildungen. 1957. (*1156/1156a*)

Theoretische Grundlagen zur Berechnung der Schaltgeräte von *F. Kesselring.* 3. Auflage. 144 Seiten, 92 Abbildungen. 1950. (*711*)

Einführung in die Technik selbsttätiger Regelungen von *W. zur Megede.* 176 Seiten, 86 Abbildungen. 1956. (*714/714a*)

Elektromotorische Antriebe (Grundlagen für die Berechnung) von *A. Schwaiger.* 3., neubearbeitete Auflage. 96 Seiten, 34 Abbildungen. 1952. (*827*)

Überspannungen und Überspannungsschutz von *G. Frühauf.* Durchgesehener Neudruck. 122 Seiten, 98 Abbildungen. 1950. (*1132*)

Maschinenbau

Metallkunde von *H. Borchers.* 2 Bände.
I: Aufbau der Metalle und Legierungen. 4. Auflage. 120 Seiten, 90 Abbildungen, 2 Tabellen. 1959. (*432*)
II: Eigenschaften, Grundzüge der Form- und Zustandsgebung. 3. und 4. Auflage. 107 Abbildungen, 10 Tabellen. 1959. (*433/433a*)

Die Werkstoffe des Maschinenbaues von *A. Thum* † und *C. M. v. Meysenbug.* 2 Bände.
I: Einführung in die Werkstoffprüfung. 2., neubearbeitete Auflage. 100 Seiten, 7 Tabellen, 56 Abbildungen. 1956. (*476*)
II: Die Konstruktionswerkstoffe. 132 Seiten, 40 Abbildungen. 1959. (*936*)

Dynamik von *W. Müller.* 2 Bände. 2., verbesserte Auflage.
I: Dynamik des Einzelkörpers. 128 Seiten, 48 Figuren. 1952. (*902*)
II: Systeme von starren Körpern. 102 Seiten, 41 Figuren. 1952. (*903*)

Technische Schwingungslehre von *L. Zipperer.* 2 Bände. 2., neubearbeitete Auflage.
I: Allgemeine Schwingungsgleichungen, einfache Schwinger. 120 Seiten, 101 Abbildungen. 1953. (*953*)
II: Torsionsschwingungen in Maschinenanlagen. 102 Seiten, 59 Abbildungen. 1955. (*961/961a*)

Werkzeugmaschinen für Metallbearbeitung von *K. P. Matthes.* 2 Bände.
I: 100 Seiten, 27 Abbildungen, 11 Zahlentafeln, 1 Tafelanhang. 1954. (*561*)
II: Fertigungstechnische Grundlagen der neuzeitlichen Metallbearbeitung. 101 Seiten, 30 Abbildungen, 5 Tafeln. 1955. (*562*)

Transformatoren von *W. Schäfer.* 3., überarbeitete und ergänzte Auflage. 130 Seiten, 73 Abbildungen. 1957. (*952*)

Das Maschinenzeichnen mit Einführung in das Konstruieren von *W. Tochtermann.* 2 Bände. 4. Auflage.
I: Das Maschinenzeichnen. 156 Seiten, 75 Tafeln. 1950. (*589*)
II: Ausgeführte Konstruktionsbeispiele. 130 Seiten, 58 Tafeln. 1950. (*590*)

Die Maschinenelemente von *E. A. vom Ende.* 3., verbesserte Auflage. 166 Seiten, 175 Figuren, 9 Tafeln. 1956. (*3/3a*)

Die Maschinen der Eisenhüttenwerke von *L. Engel.* 156 Seiten, 95 Abbildungen. 1957. (*583/583a*)

Walzwerke von *H. Sedlaczek* † unter Mitarbeit von *F. Fischer* und *M. Buch.* 232 Seiten, 157 Abbildungen. 1958. (*580/580a*)

Getriebelehre von *P. Grodzinski* †. 2 Bände. 2., neubearbeitete Auflage.
I: Geometrische Grundlagen. 159 Seiten, 142 Figuren. 1953. (*1061*)

Gießereitechnik von *H. Jungbluth*. 2 Bände.
I: Eisengießerei. 126 Seiten, 44 Abbildungen. 1951. (*1159*)

Die Dampfkessel und Feuerungen einschließlich Hilfseinrichtungen in Theorie, Konstruktion und Berechnung von *W. Marcard* †. 2 Bände. 2. Auflage, neubearbeitet von *K. Beck*.
I: Die theoretischen Grundlagen, Wärme, Verbrennung, Wärmeübertragung. 150 Seiten, 42 Abbildungen, 16 Tabellen. 1951. (*9*)
II: Dampfkessel. 147 Seiten, 43 Abbildungen. 1952. (*521*)

Die Dampfturbinen. Ihre Wirkungsweise, Berechnung und Konstruktion von *C. Zietemann*. 3 Bände. 3., verbesserte Auflage.
I: Theorie der Dampfturbinen. 139 Seiten, 48 Abbildungen. 1955. (*274*)
II: Die Berechnung der Dampfturbinen und die Konstruktion der Einzelteile. 132 Seiten, 111 Abbildungen. 1956. (*715*)
III: Die Regelung der Dampfturbinen, die Bauarten, Turbinen für Sonderzwecke, Kondensationsanlagen. 126 Seiten, 90 Abbildungen. 1956. (*716*)

Verbrennungsmotoren von *W. Endres*. 3 Bände.
I: Überblick. Motor-Brennstoffe. Verbrennung im Motor allgemein, im Otto- und Diesel-Motor. 153 Seiten, 57 Abbildungen. 1958. (*1076/1076a*)
II: Die heutigen Typen der Verbrennungskraftmaschinen. In Vorbereitung. (*1184*)
III: Die Einzelteile des Verbrennungsmotors. In Vorbereitung. (*1185*)

Technische Thermodynamik von *W. Nußelt* †. 2 Bände.
I: Grundlagen. 4., verbesserte Auflage. 144 Seiten, 71 Abbildungen. 1956. (*1084*)
II: Theorie der Wärmekraftmaschinen. 5. Auflage. 1959. In Vorbereitung. (*1151*)

Autogenes Schweißen und Schneiden von *H. Niese*. 5. Auflage, neubearbeitet von *A. Küchler*. 136 Seiten, 71 Figuren. 1953. (*499*)

Die elektrischen Schweißverfahren von *H. Niese*. 2. Auflage, neubearbeitet von *H. Dienst*. 136 Seiten, 58 Abbildungen. 1955. (*1020*)

Die Hebezeuge. Entwurf von Winden und Kranen von *G. Tafel*. 2., verbesserte Auflage. 176 Seiten, 230 Figuren. 1954. (*414/414a*)

Wasserbau

Wasserkraftanlagen von *A. Ludin* unter Mitarbeit von *W. Borkenstein*. 2 Bände.
I: Planung, Grundlagen und Grundzüge. 124 Seiten, 60 Abb. 1955. (*665*)
II: Anordnung und Ausbildung der Hauptbauwerke. 184 Seiten, 91 Abbildungen. 1958. (*666/666a*)

Verkehrswasserbau von *H. Dehnert*. 3 Bände.
I: Entwurfsgrundlagen, Flußregelungen. 103 Seiten, 52 Abbildungen. 1950. (*585*)
II: Flußkanalisierung und Schiffahrtskanäle. 94 Seiten, 60 Abbildungen. 1950. (*597*)
III: Schleusen und Hebewerke. 98 Seiten, 70 Abbildungen. 1950. (*1152*)

Wehr- und Stauanlagen von *H. Dehnert*. 134 Seiten, 90 Abbildungen. 1952. (*965*)

Talsperren von *F. Tölke*. 122 Seiten, 70 Abbildungen. 1953. (*1044*)

Hoch- und Tiefbau

Die wichtigsten Baustoffe des Hoch- und Tiefbaus von *O. Graf* †. 4., verbesserte Auflage. 131 Seiten, 63 Abbildungen. 1953. (*984*)

Baustoffverarbeitung und Baustellenprüfung des Betons von *A. Kleinlogel*. 2., neubearbeitete und erweiterte Auflage. 126 Seiten, 35 Abbildungen. 1951. (*978*)

Festigkeitslehre. 2 Bände.
- I: Elastizität, Plastizität und Festigkeit der Baustoffe und Bauteile von *W. Gebler* † und *W. Herberg*. Durchgesehener und erweiterter Neudruck. 159 Seiten, 118 Abbildungen. 1952. (*1144*)
- II: Formänderung, Platten, Stabilität und Bruchhypothesen von *W. Herberg* und *N. Dimitrov*. 187 Seiten, 94 Abbildungen. 1955. (*1145/1145a*)

Grundlagen des Stahlbetonbaus von *A. Troche*. 2., neubearbeitete und erweiterte Auflage. 208 Seiten, 75 Abbildungen, 17 Bemessungstafeln, 20 Rechenbeispiele. 1953. (*1078*)

Statik der Baukonstruktionen von *A. Teichmann*. 3 Bände.
- I: Grundlagen. 101 Seiten, 51 Abbildungen, 8 Formeltafeln. 1956. (*119*)
- II: Statisch bestimmte Stabwerke. 107 Seiten, 52 Abbildungen, 7 Tafeln. 1957. (*120*)
- III: Statisch unbestimmte Systeme. 112 Seiten, 34 Abbildungen, 7 Formeltafeln. 1958. (*122*)

Fenster, Türen, Tore aus Holz und Metall. Eine Anleitung zu ihrer guten Gestaltung, wirtschaftlichen Bemessung und handwerksgerechten Konstruktion von *W. Wickop* †. 4., überarbeitete und ergänzte Auflage. 155 Seiten, 95 Abbildungen. 1955. (*1092*)

Heizung und Lüftung von *J. Körting* † und *W. Körting*. 2 Bände. 9., durchgesehene Auflage.
- I: Das Wesen und die Berechnung der Heizungs- und Lüftungsanlagen. 1959. In Vorbereitung. (*342*)
- II: Die Ausführung der Heizungs- und Lüftungsanlagen. 1959. In Vorbereitung. (*343*)

Industrielle Kraft- und Wärmewirtschaft von *F. A. F. Schmidt* und *A. Beckers*. 167 Seiten, 73 Abbildungen. 1957. (*318/318a*)

Vermessungswesen

Vermessungskunde von *P. Werkmeister*. 3 Bände.
- I: Stückvermessung und Nivellieren. 10., völlig neubearbeitete Auflage von *W. Gromssann*. 143 Seiten, 117 Figuren. 1958. (*468*)
- II: Horizontalaufnahmen und ebene Rechnungen. 8., völlig neubearbeitete Auflage von *W. Grossmann*. 133 Seiten, 97 Figuren. 1959. (*469*)
- III: Trigonometrische und barometrische Höhenmessung. Tachymetrie und Absteckungen. 7., völlig neubearbeitete Auflage von *W. Grossmann*. 136 Seiten, 97 Figuren. 1960. (*862*)

Photogrammetrie von *G. Lehmann*. 189 Seiten, 132 Abbildungen. 1959. (*1188/1188a*)

Sammlung Göschen / Bandnummernfolge

1 Langosch, Der Nibelunge Nôt
3/3a v. Ende, Die Maschinenelemente
9 Marcard-Beck, Dampfkessel I
10 Jiriczek-Wisniewski, Kudrun- und Dietrich-Epen
13 Lotze, Geologie
18 Maurer, Hartmann von Aue. Der arme Heinrich
19 Altheim, Römische Geschichte I
20 Hofstaetter-Spree, Dt. Sprachlehre
22 Maurer, Gottfried von Strassburg
29 Brauns-Chudoba, Allg. Mineralogie
31/31a Brauns-Chudoba, Spez. Mineralg.
35 Treue, Dt. Geschichte von 1648 bis 1740
37 Klemm, Anorganische Chemie
38/38a Schlenk, Organische Chemie
39 Treue, Dt. Geschichte von 1713 bis 1806
42 Behn, Vorgeschichte Europas
44 Kresze, Physikalische Methoden der organischen Chemie
47 Fischer-Rohrbach, Arithmetik
51/51a Ringleb-Bürklen, Mathematische Formelsammlung
59 Krahe, Indogerm. Sprachwissensch. I
60 Biehle, Stimmkunde
61 Biehle, Redetechnik
64 Krahe. Indogerm. Sprachwissensch. II
65/65a Grotemeyer, Analyt. Geometrie
66 Berneker-Vasmer, Russische Grammatik
71 Schulze, Allgemeine und physikalische Chemie I
76 Döring, Einführung in die theoret. Physik I
77 Döring, Einführung in die theoret. Physik II
78 Döring, Einführung in die theoret. Physik III
79 Hempel, Gotisches Elementarbuch
80 Weigert, Stilkunde I
81 Schubert-Haussner, Vierstell. Logarithmentafeln
96 Hartmann, Einf. i. d. allgem. Biologie
99 Hessenberg-Kneser, Ebene und sphär. Trigonometrie
101 v. Wiese, Soziologie
103 Dahrendorf, Industrie- und Betriebssoziologie
104/104a Hofstätter, Sozialpsychologie
111 Hoffmann-Debrunner, Gesch. der griechischen Sprache I
114 Debrunner, Gesch. der griechischen Sprache II
117 Brandenstein, Griechische Sprachwissenschaft I
118/118a Brandenstein, Griechische Sprachwissenschaft II
119 Teichmann, Statik der Baukonstruktionen I
120 Teichmann, Statik der Baukonstruktionen II
122 Teichmann, Statik der Baukonstruktionen III
125 Vossler, Ital. Literaturgeschichte
128/128a Lausberg, Romanische Sprachwissenschaft I
136 Mahler, Physikalische Formelsammlung
141 Geitler, Morphologie der Pflanzen
142 Haack, Darstellende Geometrie I
143 Haack, Darstellende Geometrie II
144 Haack, Darstellende Geometrie III
145 Weimer, Geschichte der Pädagogik
148 Kolms, Finanzwissenschaft I
156/156a Landmann, Philosophische Anthropologie
170 Oehlmann, Musik des 19. Jahrh.
171/171a Oehlmann, Musik des 20. Jahrh.
173 Bruhns-Ramdohr, Petrographie
180 Böhm, Versicherungsmathematik I
184 Blümcke, Textilindustrie I
196 Mohr, Grundlagen der Elektrotechnik I
197 Mohr, Grundlagen der Elektrotechnik II
198 Mohr, Grundlagen der Elektrotechnik III
200/200a Gottschald, Dt. Rechtschreibungswörterbuch
210 Bruhns-Ramdohr, Kristallographie
220/220a Moser, Allgemeine Musiklehre
221/221a Jander-Jahr, Maßanalyse
222 Hassak-Beutel, Warenkunde I
223 Hassak-Beutel, Warenkunde II
226 Hofmann, Geschichte d. Mathematik I
228 Vogel, Landw. Tierzucht
231/231a Ehrlich, Geschichte Israels
238 Krahe, German. Sprachwiss. I

Autorenregister

AUTORENREGISTER

200 000 149/59 Printed in Germany

FSC
www.fsc.org
MIX
Papier | Fördert
gute Waldnutzung
FSC® C083411

Kolibri 360 GmbH
Ferdinand-Jühlke-Straße 7
99095 Erfurt, Deutschland
produktsicherheit@kolibri360.de